室内设计项目式教学基础教程

第三版

高职高专艺术学门类
"十四五"规划教材

职业教育改革成果教材

- 主　编　王叶
- 副主编　吴祖林　吴传景　王　芬　瞿思思　路庆敏
- 参　编　邱　萌　秦燕妮　高伟伟　田　芳　任东改

ART DESIGN

华中科技大学出版社
http://www.hustp.com
中国·武汉

内 容 简 介

　　本书系统介绍了室内设计基本原理和室内设计项目的设计方法,根据高职高专室内设计专业以工学结合为核心的人才培养模式要求,在立足室内设计原理理论的阐述上,更着重于从室内设计项目的设计实训与设计案例分析的角度出发,分析项目设计的内容和方法。

　　本书图文并茂,辅以设计案例诠释设计方法和理论,可供环境艺术专业的师生及相关从业人员阅读,为其熟练掌握室内空间方案设计技能提供一个全面的实践能力培养平台。

《室内设计项目式教学基础教程(第三版)》(王叶)课件(提取码为 ehc5)

图书在版编目(CIP)数据

室内设计项目式教学基础教程/王叶主编.—3 版.—武汉:华中科技大学出版社,2020.1(2025.1重印)
高职高专艺术学门类"十四五"规划教材
ISBN 978-7-5680-3110-3

Ⅰ.①室…　Ⅱ.①王…　Ⅲ.①室内装饰设计-高等职业教育-教材　Ⅳ.①TU238.2

中国版本图书馆 CIP 数据核字(2020)第 018319 号

室内设计项目式教学基础教程(第三版)　　　　　　　　　　　　　　　　　　　　　王叶　主编
Shinei Sheji Xiangmushi Jiaoxue Jichu Jiaocheng(Di-san Ban)

策划编辑:彭中军
责任编辑:史永霞
封面设计:优　优
责任监印:朱　玢
出版发行:华中科技大学出版社(中国·武汉)　　　　电话:(027)81321913
　　　　　武汉市东湖新技术开发区华工科技园　　　　邮编:430223
录　　排:华中科技大学惠友文印中心
印　　刷:广东虎彩云印刷有限公司
开　　本:880 mm×1230 mm　1/16
印　　张:8
字　　数:264 千字
版　　次:2025 年 1 月第 3 版第 4 次印刷
定　　价:49.00 元

　　本书系统介绍了室内设计基本原理和室内设计项目的设计方法,根据高职高专室内设计专业以工学结合为核心的人才培养模式要求,在立足室内设计原理理论的阐述上,更着重于从室内设计项目的设计实训与设计案例分析的角度出发,分析项目设计的内容和方法。本书图文并茂,辅以设计案例诠释设计方法和理论,可供环境艺术专业的师生及相关从业人员阅读,为其熟练掌握室内空间方案设计技能提供一个全面的实践能力培养平台。

　　由于室内设计涉及的学科面广,我们在编写本书时参考了大量著作,由于编写时间紧迫,未能逐一说明出处,在此谨表歉意!由于我们水平有限,不足之处恳请读者指正!

编　者

2019 年 12 月

目录
Contents

Shinei Sheji Xiangmushi Jiaoxue Jichu Jiaocheng

项目一
室内设计基础

第一单元
室内设计概述

1.1 室内设计的概念与功能

室内设计,又称室内环境设计,是人为环境设计的一个主要部分,是建筑内部空间的思维创造活动,是建筑设计的有机组成部分,是建筑设计的继续和深化。具体地说,它是以功能的科学性、合理性为基础,以形式的艺术性、民族性为表现手法,为塑造物质与精神兼而有之的室内生活环境,并通过一定技术手段,用视觉传达的方式表现出来而进行的思维创造活动。

现代室内设计是一门复杂的综合学科。它不仅仅是物象外形的美化,还涉及建筑学、社会学、民俗学、心理学、人体工程学、结构工程学、建筑物理学及材料学等学科领域,要求运用多学科的知识,综合进行多层次的空间环境设计。在设计手法上,它以平面、立体和空间构成、透视、错觉、光影、反射和色彩变化等原理为手段,一方面将空间重新划分和组合,另一方面对各种物质采用构建、组织、变化、增加层次等方式,使人获得设计师所期待的生理及心理反应,创造一种理想的空间格调和环境氛围。

作为初学者,要学好室内设计,应对室内设计的内涵有一个清晰的认识和了解,需弄清以下几个问题。

1. 室内设计的目的

(1)解决建筑内部空间的使用功能。

(2)改善空间内部原有物理性能(如保温、隔热、采光、照明、智能化等)。

（3）营造一个与使用者行为相称的生活与工作环境。

（4）改变人们的生活方式,创造新的生活理念。

2.室内设计的对象

设计的服务对象是人,设计为人的需求而存在,室内空间是为人享用的,所以设计的过程是将人的生活方式和行为模式物化的过程,这就需要设计人员体验生活、体验空间、体验环境,要满足社会上各种人所提出的使用功能和精神功能的需求。

3.室内设计的功能

1)物质功能

根据建筑的类型及使用功能安排室内空间,要尽量做到布局合理、通行便利、空间层次清晰、通风良好、采光适度等。使用功能反映了人们对特定室内环境的功能要求,不同使用功能的室内环境其设计要求也不同,例如,卧室要求私密、舒适,书房要求安静、宜于工作和学习等。

2)精神功能

单纯注重物质功能的合理性是不够的,独特的设计所带来的心理和精神上的满足同样很重要,设计应通过外在形式唤起人们的审美感受并满足其心理需要。

（1）视觉体验。室内设计必须满足人类情感的需求,情感是一种直觉的、主观的心理活动,主要通过视觉的体验来获得。每一个室内空间都能给人带来不同的心理感受,比如热烈的、可爱的、浪漫的、整齐的、活跃的、宁静的等心理感受。

（2）情感追求。在室内设计中,特定情感的追求与表现是十分重要的,从形式上看是在推敲对诸如地面、顶棚、墙面等实体的设计,而实质上是要通过这些手段,创造出理想的空间氛围,所以对不同的设计要有不同的设计定位,从而确定与之相应的设计方案。

4.室内设计师

根据现代设计的时代要求,室内设计师的职责包括对客户需求的分析和认定,对空间的规划,对室内家具和装饰风格的选择及具体尺寸的规定,对安装工作的协调配合等。所有这一切都需要设计师具有广泛的专业知识,比如施工的规范标准、各类法规、产品技术和产品来源等。施工的规范标准、复杂的高新技术、新材料和新的施工过程等因素使得分工越来越细。今天的室内设计工作,既需要理论,又需要实践,只有这样,才能把设计的功能、技术、经济、美学和人的心理等方面的需求结合起来。因此,现代室内设计师应该具备的专业知识归纳起来有如下几个方面。

（1）具有建筑单元设计和环境总体设计的基本知识,特别是建筑单元功能分析、平面布局、空间组织、形态塑造的必要知识,以及对总体环境艺术和建筑艺术的理解。

（2）具备建筑装饰材料、建筑装饰结构、施工技术方面的知识。

（3）具备室内声、光、热、风、水、电等物理和设备的基本知识,并具备相关工种的协调能力。

（4）了解或熟悉相关学科知识,如环境心理学、设计心理学、系统工程学、人体工程学、生态学等,以及现代信息技术的知识。

（5）具备较好的艺术素养和设计表达能力,对历史传统、人文风俗、乡土风情有所了解或熟悉。

（6）熟悉建筑和室内设计的有关规章和法规知识,如防火、安全、残障、标准、招投标法规、工程管理与合

同标准等。

(7)具有将知识应用于设计实践的能力,如发现问题、分析问题、解决问题的综合能力。

1.2　室内设计的内容与分类

室内设计作为一门综合性学科,其专业包括面较广,但是室内设计的主要内容可以概括为以下几个方面,这些方面的内容相互之间又有一定的内在联系。

1. 室内设计的内容

1)室内空间设计

室内空间设计是指在对原有建筑设计的意图充分理解,对建筑物的总体环境、功能要求、人流动向及结构、设备等技术体系进行深入了解和分析的基础上,对室内空间进行再创造的过程。室内空间设计就是对建筑所界定的内部空间进行二次处理,并以现有空间尺度为基础重新进行划定,重新阐释尺度和比例关系,并更好地对改造后空间的统一、对比和面线体的衔接问题予以解决的工作。

2)室内界面设计

室内界面设计是指按照空间设计的要求,通过对室内空间的各个围合界面——地面、墙面、隔断、顶面等的使用功能和特点的分析,对界面的造型、色彩、质感肌理等方面,以及对界面和结构的连接构造,界面和水、电等管线设施的协调配合等方面的设计。

3)室内光环境、色彩和材质设计

室内光照是指室内环境的天然采光和人工照明。光照除了能满足正常的工作、生活环境的采光、照明要求外,还能起到烘托室内环境气氛的作用。

色彩是室内设计中最生动、最活跃的因素。色彩可以通过人们的视觉感受,产生生理、心理效应,让人形成丰富的联想。

材料质地的选用,是室内设计中直接关系使用效果和经济利益的重要环节。饰面材料的合理选用,能满足使用功能和人们身心感受两个方面的要求,饰面材料包括坚硬、平整的花岗石地面,平滑、精巧的镜面,轻柔、细软的室内纺织品及亲切、自然的木质面材等。设计中的形与色,最终必须和材质相统一,在光照下,室内的形、色、质融为一体,赋予人们综合的视觉心理感受。

4)室内家具、陈设及绿化的设计与选用

家具、陈设、绿化等室内设计内容,在室内环境中的实用和观赏效果都极为突出,通常它们都处于视觉中显著的位置。家具、陈设、绿化能烘托室内环境气氛,在形成室内设计风格等方面起着重要的作用。

室内绿化具有改变室内小气候和吸附粉尘的功能,更为重要的是,室内绿化使室内环境生机勃勃,带来自然气息,令人赏心悦目,起到柔化室内人工环境的作用。

上述室内设计内容的四个方面,是一个有机联系的整体:室内空间组织和界面处理,是确定室内环境基本形体和线形的设计内容;光、色、形体能让人们综合感受室内环境;光照下界面和家具等是色彩和造型依托的"载体";家具、陈设必须和空间尺度、界面风格相协调。

2. 室内设计行业

室内设计实践可以分为三个主要的领域:住宅设计、公共空间设计及产品设计。表 1-1、表 1-2 所示为每

个大领域下的各个具体领域及相关的各个行业,这些都与室内设计某一具体领域的设计教育相关联。

表 1-1　室内设计专业实践

类 型 名 称	内 容 范 围
住宅设计	住宅:一居、二居、三居、多居室,复式、别墅、跃层
公共空间设计	商业空间:购物中心、商场、超市、店铺
	娱乐空间:夜总会、休闲酒吧、洗浴中心、俱乐部、商务会所
	办公空间:写字楼、办公楼、会议中心
	展示空间:博物馆、展览馆、展览会、售楼中心
	餐饮空间:饭店、咖啡厅、中餐厅、西餐厅、酒楼、快餐店
	学习空间:学校、幼儿园
产品设计	家具、织品、灯光、橱柜、地板、室内配件

表 1-2　其他相关领域

程序设计员	空间规划员
制图员/计算机辅助设计	项目经理
设备经理	市场主任
咨询顾问	色彩顾问
灯光顾问	厨柜设计师
景观设计师	平面设计师

1.3　室内设计的风格和流派

室内设计的风格和流派,属于室内环境中的艺术造型和精神功能范畴。室内设计的风格和流派往往是和建筑以至家具的风格和流派紧密结合的;有时也以相应时期的绘画、造型艺术,甚至文学、音乐等的风格和流派为其渊源并相互影响。例如,建筑和室内设计中的"后现代主义"一词及其含义,最早用在西班牙的文学著作中,而"风格派"则是具有鲜明荷兰造型艺术的一个流派。可见,建筑艺术除了具有与物质材料、工程技术紧密联系的特征之外,还与文学、音乐及绘画、雕塑等门类艺术相互沟通。

1. 室内设计的风格

室内设计的风格主要可分为传统风格、现代风格、后现代风格、自然风格及混合型风格等。

1)传统风格

传统风格的室内设计,在室内布置、线形、色调及家具、陈设等的造型方面,吸取了传统装饰"形""神"的特征。例如,吸取我国传统木构架建筑室内的藻井天棚、挂落、雀替的构成和装饰,明、清家具造型和款式特征等。又如,西方传统风格中仿罗马风、哥特式、文艺复兴式、巴洛克式、洛可可式、古典主义等,其中包括仿欧洲英国维多利亚式或法国路易式的室内装潢和家具款式。此外,还有日本传统风格、印度传统风格、伊斯兰传统风格、北非城堡风格等。传统风格常给人们以历史延续和地域特色的感受,它使室内环境突出了民族文化特征。(见图 1-1、图 1-2)

图 1-1　中式传统风格

图 1-2　简欧风格

2)现代风格

现代风格起源于 1919 年成立的包豪斯学派,该学派处于当时的历史背景,强调突破旧传统,创造新建筑,重视功能和空间组织,注意发挥结构构成本身的形式美,造型简洁,反对多余装饰,崇尚合理的构成工艺,尊重材料的性能,讲究材料自身的质地和色彩的配置效果,发展了非传统的以功能布局为依据的不对称构图手法。包豪斯学派重视实际的工艺制作和操作,强调设计与工业生产的联系。(见图 1-3)

包豪斯学派的创始人 W. 格罗皮乌斯对现代建筑的观点是非常鲜明的,他认为:"美的观念随着思想和技术的进步而改变";"建筑没有终极,只有不断变革";"在建筑表现中不能抹杀现代建筑技术,建筑表现要应用前所未有的形象"。当时杰出的代表人物还有勒·柯布西耶和密斯·凡·德·罗等。现在,广义的现代风格也可泛指造型简洁、新颖,具有当今时代感的建筑形象和室内环境。

3)后现代风格

"后现代主义"一词最早出现在西班牙作家德·奥尼斯 1934 年的《西班牙与西班牙语类诗选》一书中,用来描述现代主义内部发生的逆动,特别有一种现代主义纯理性的逆反心理,即为后现代风格。20 世纪 50 年代,美国在所谓现代主义衰落的情况下,也逐渐形成后现代主义的文化思潮。受 20 世纪 60 年代兴起的大众艺术的影响,后现代风格是对现代风格中纯理性主义倾向的批判。后现代风格强调建筑及室内装潢应具有历史的延续性,但又不拘泥于传统的逻辑思维方式,探索创新造型手法,讲究人情味,常在室内设置夸张、变形的柱式和断裂的拱券,或者把古典构件的抽象形式以新的手法组合在一起,即采用非传统的混合、叠加、错位、裂变等手法和象征、隐喻等手段,创造一种融感性与理性、集传统与现代、糅大众与行家于一体的"亦此亦彼"的建筑形象与室内环境。对后现代风格不能仅仅以所看到的视觉形象来评价,需要我们透过形象从设计思想来分析。后现代风格的代表人物有 P. 约翰逊、R. 文丘里、M. 格雷夫斯等。(见图 1-4)

图 1-3　包豪斯校舍

图 1-4　美国加利福尼亚艾米斯住宅内景

4)自然风格

自然风格倡导"回归自然",美学上推崇"自然美",认为只有崇尚自然、结合自然,人们才能在当今高科技、高节奏的社会生活中,取得生理和心理的平衡,因此室内多用木料、织物、石材等天然材料,显示材料的纹理,清新淡雅。此外,由于自然风格与田园风格的宗旨和手法类同,故可把田园风格归入自然风格一类。田园风格在室内环境中力求表现悠闲、舒畅、自然的田园生活情趣,也常运用天然木、石、藤、竹等材质质朴的纹理,巧于设置室内绿化,创造自然、简朴、高雅的氛围。(见图1-5、图1-6)

图1-5　运用木、石自然元素的起居室

图1-6　运用青砖和仿古建筑造型的空间

5)混合型风格

近年来,建筑设计和室内设计在总体上呈现多元化、兼容并蓄的状况。室内布置既趋于现代实用,又吸取传统的特征,在装潢与陈设中融古今中外于一体,例如,传统的屏风、摆设和茶几,配以现代风格的墙面及门窗装修、新型的沙发;欧式古典的琉璃灯具和壁面装饰,配以东方传统的家具和埃及的陈设、小品等。混合型风格虽然在设计中不拘一格,运用多种体例,但设计中仍然匠心独具,深入推敲形体、色彩、材质等方面的总体构图和视觉效果。(见图1-7)

图1-7　带有中式元素的起居室

2. 室内设计的流派

室内设计的流派是指室内设计的艺术派别。现代室内设计从所表现的艺术特点分析,也有多种流派,主要有高技派、光亮派、白色派、新洛可可派、超现实派、解构主义派及装饰艺术派等。

1)高技派

高技派或称重技派,突出当代工业技术成就,并在建筑形体和室内环境设计中加以炫耀,崇尚"机械美",在室内暴露梁板、网架等结构构件及风管、线缆等各种设备和管道,强调工艺技术与时代感。高技派典型的实例为法国巴黎蓬皮杜国家艺术文化中心、香港汇丰银行(见图1-8)等。

2)光亮派

光亮派也称银色派,室内设计中夸耀新型材料及现代加工工艺的精密细致及光亮效果,往往在室内大量采用镜面及平曲面玻璃、不锈钢、磨光的花岗石和大理石等作为装饰面材,在室内环境的照明方面,常使用反射、折射等各类新型光源和灯具,在金属和镜面材料的烘托下,形成光彩照人、绚丽夺目的室内环境。(见图1-9)

图1-8　香港汇丰银行内景

图1-9　光亮派

3)白色派

白色派的室内朴实无华,室内各界面以及家具等常以白色为基调,简洁明朗,例如,美国建筑师R.迈耶设计的史密斯住宅及其室内。白色派的室内,并不仅仅停留在简化装饰、选用白色等表面处理上,它具有更为深层的构思内涵。设计师在设计室内环境时,综合考虑室内活动着的人及透过门窗可见的变化着的室外景物,由此,从某种意义上讲,室内环境只是一种活动场所的"背景",从而在装饰造型和用色上不做过多渲染。(见图1-10)

4)新洛可可派

洛可可原为18世纪盛行于欧洲宫廷的一种建筑装饰风格,以精细轻巧和繁复的雕饰为特点。新洛可可继承了洛可可繁复的装饰特点,但装饰造型的"载体"和加工技术却运用现代新型装饰材料和现代工艺手段,从而具有华丽而略显浪漫、传统中仍不失时代气息的装饰特点。(见图1-11)

图 1-10　白色派室内空间　　　　　　　　　　　图 1-11　新洛可可派餐厅

5）风格派

风格派起始于 20 世纪 20 年代的荷兰，以画家彼得·蒙德里安等为代表的艺术流派，强调"纯造型的表现"，"要从传统及个性崇拜的约束下解放艺术"。他们对室内装饰和家具经常采用几何形体及红、绿、蓝三原色，或者以黑、灰、白等色彩相配置。风格派的室内，在色彩及造型方面都具有极为鲜明的特征与个性。建筑与室内常以几何方块为基础，对建筑室内外空间采用内部空间与外部空间穿插统一的手法，并以屋顶、墙面的凹凸和强烈的色彩对块体进行强调。（见图 1-12）

6）超现实派

超现实派追求所谓超越现实的艺术效果，在室内布置中常采用异常的空间组织、曲面或具有流动弧线形的界面，浓重的色彩，变幻莫测的光影，造型奇特的家具与设备，有时还以现代绘画或雕塑来烘托超现实的室内环境气氛。超现实派的室内环境较为适宜具有视觉形象特殊要求的某些展示或娱乐的室内空间。（见图 1-13）

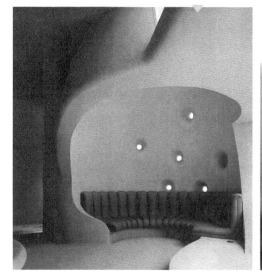

图 1-12　风格派　　　　　　　　　　　　　图 1-13　Truss Wall 私宅会客厅内景

7）解构主义派

解构主义是 20 世纪 60 年代以法国哲学家 J. 德里达为代表所提出的哲学观念，是对 20 世纪前期欧美盛行的结构主义和理论思想传统的质疑和批判。建筑和室内设计中的解构主义派对传统古典构图规律等均

采取否定的态度,强调不受历史文化和传统理性的约束,是一种貌似结构构成解体、突破传统形式构图、用材粗放的流派。

8)装饰艺术派

装饰艺术派基本上是一种象征性风格的流派,它起源于 20 世纪 20 年代法国巴黎举行的国际装饰艺术博览会,后传至美国等各地。装饰艺术派把新的材料和几何图形装饰用于传统的经典形式,比起包豪斯学派朴素的设计更符合大众口味。闪亮的金属、带有异邦情调的光滑的漆木、经过抛光的石料、玻璃、几何图形尤其是三角形等图案,用于各种各样的装饰中。(见图 1-14)

图 1-14　装饰艺术派

第二单元
室内设计要素分析

> **教 学 方 式**

多媒体教学。

> **目 的 与 要 求**

掌握室内设计的各设计要素;
了解室内设计的方法。

> **知 识 与 技 能**

能掌握室内设计的方法和室内设计要素的运用。

教 学 过 程

理论讲述→分析与讨论→课题实训→指导作业→讲评与小结。

实 训 课 题

选取某空间做方案设计训练。

2.1 室内空间组织与形态分析

空间是室内设计系统中最核心的要素,空间组织的内容很广,既涉及单个空间的问题,如单个空间的形状、尺度、比例、开敞与封闭的程度,又涉及若干个空间相组合时的过渡、衔接、统一、对比、形成序列等问题。

1. 室内空间的类型

1)封闭空间

用限定度较高的围护实体包围,具有封闭性,空间是静止的、凝滞的,带私密性和个体性。

2)开敞空间

对空间的限定性较小,在空间感上,开敞空间是外向的、流动的、渗透的,强调与外界环境的渗透与交流;在心理效果上,开敞空间常表现为开朗的、活跃的;在空间性格上,开敞空间是收纳性的、开放性的。(见图1-15)

图1-15 具有流通性的起居室

3)静态空间

一般来说,静态空间形式比较稳定,常采用对称式和垂直水平界面处理。空间比较封闭,构成比较单一,视觉常被引导在一个方位或落在一个点上,空间表现非常清晰明确,一目了然。(见图1-16、图1-17)

4)动态空间

动态空间具有空间的开敞性和视觉的导向性等特点,界面组织具有连续性和节奏性,空间构成形式富有变化性和多样性,常使视线从这一点转向那一点。

图 1-16　对称式的静态空间

图 1-17　静谧的书房空间

5)虚拟空间

虚拟空间没有十分完备的隔离形态,也缺乏较强的限定度,在界定的空间中,虚拟空间是通过界面的局部变化而再次限定的空间,如通过各种隔断、家具、陈设、绿化、水体、照明、色彩、材质和改变标高等因素而再次限定的空间。虚拟空间的心理作用主要表现在人们的心理感受上,所以又称为"心理空间"。(见图 1-18)

6)虚幻空间

虚幻空间是指室内镜面反映的虚像空间。把人们的视线带到镜面背后的虚幻空间去,能产生空间扩大的视觉效果。(见图 1-19)

图 1-18　由屏风限定出虚拟空间

图 1-19　由通透的镜面玻璃营造虚幻空间

7)共享空间

相互独立的空间单元在垂直方向连接成一个整体的空间形式,是一种相互穿插交错、极富流动性的室内空间,多用于商业中心、大酒店、火车站等(见图 1-20)。

2. 空间感

空间与空间感是两个既有联系又有区别的概念。空间是各界面限定的范围,是客观存在的东西;空间感是空间给人的实际感受,属于主观评价的范畴。

空间感如何,不仅与空间的体量、形状、比例等有关,还与家具、陈设、色彩、灯光及界面装修的材料、做法、质地等多种因素有关。室内环境的所有要素对空间感的形成都有密切的关系,改善空间感主要是改善

图 1-20　共享空间示例

空间的尺度、比例,它是对视觉效果进行调整,而不是对建筑实体进行重塑和改造。

改善空间感的方法大致如下。

(1)利用划分——水平划分者可以使界面延伸,垂直划分者可使界面增高。

(2)利用色彩——使用近感色可使界面提前,使用远感色可使界面后退。

(3)利用材质——表面粗糙者靠前,表面光洁者离人较远。

(4)利用图案——大花图案的界面看来较近,小花图案的界面看来较远。

(5)利用灯具——安装吸顶灯或镶嵌灯可使顶棚上提,安装吊灯特别是大型吊灯会使顶棚下降。

(6)利用光照——直接照明,空间显得紧凑,间接照明,空间显得宽敞。

(7)利用陈设——配置光洁透明的家具,可以使空间变得开阔,配置粗糙色暗的家具,空间会显得拥塞。

(8)利用洞口——隔墙上开洞,背后发光,空间层次会因之丰富。

(9)利用错觉——在墙面上设置层次丰富、景深深远的壁画或照片,用镜面玻璃形成虚幻空间。

(10)利用斜向构图——实际上就是利用视错觉。

3. 室内空间的分隔

空间的分隔或称空间的划分是空间组织的重要内容。就一个大空间而言,如何分隔成若干个小空间,既关系到使用是否合理,又关系到人们的活动线路、空间的群体关系和人们的心理感受。

以下为常用空间分隔的方法。

1)列柱分隔

列柱往往是建筑的承重结构,但在空间中却能将列柱的两侧划分为心理上、视觉上都能感知的空间。(见图 1-21)

图 1-21　木隔断造型界定客厅与就餐区

2)花格分隔

花格是隔断的一种,从材料上看,有木、竹、玻璃、水泥制品、金属等多种类型;从图案构成上看,更是形式各异,花样翻新。用花格分隔空间,空间隔而不断,层次丰富,还有很强的装饰性。(见图1-22、图1-23)

3)家具分隔

橱、柜、桌、架等都能成为空间的分隔物。各种板架、博古架,空透美观,也是居室常用的分隔物。

4)栏杆、山石、水体、绿化分隔

栏杆、山石、水体、绿化都能参与空间分隔,且往往比其他分隔因素更灵活、更生动、更有装饰性。(见图1-24)

图 1-22 屏风式隔断界定走道与就餐区

图 1-23 玻璃隔断界定卧室与洗漱区

5)台地分隔

空间中某个部分标高凸出成为台地,台地部分就会相对独立,与其他部分构成两个不同的空间。(见图1-25)

图 1-24 栏杆界定空间

图 1-25 地面高差变化界定空间

6)凹地分隔

空间中某个部分标高低而形成凹地,这个空间无疑也有相对的独立性。许多宾馆大厅都有休息厅,如果采用凹地,受干扰的机会就会大大减少,从而成为大厅中"动中取静"的部分。

7)活动隔断分隔

折叠式隔断、推拉式隔断等是可分可合的,用这种隔断划分空间灵活性大,是现代室内设计中常用的方法。

除上述各种方法外,还可利用色彩、材质、照明、灯具、图案、雕塑、小品、结构等划分空间,其效果有时更别致。

4. 室内空间的组织

1)室内空间的组织形式

室内空间的组织指根据使用功能要求,把室内空间划分和限定出不同的形态、大小或功能的空间,通过一定空间组织手段进行组织。

(1)主从关系——在一组空间中,空间的划分和组织有主次之分,主空间在空间位置、形式和面积等方面比较突出,次要空间依附于主空间。这种空间组织方式的空间主次分明,重点突出。

(2)空间对比——利用空间大小、虚实关系、开敞与封闭程度、明暗对比等差异化的设计,使空间产生小中见大、欲扬先抑等不同的艺术效果。

(3)衔接与过渡——空间之间的衔接和过渡要流畅、自然,大空间之间可用小空间衔接和过渡。

(4)渗透与层次——相邻的空间分隔时,用适当的方法使之相互连通、相互渗透,增强层次感。

(5)空间序列——多个空间相组合,可以成为一个完整的空间序列,人们通过这个序列,可以领略空间的主次关系和发展变化的规律。这种序列空间往往讲究起、承、转、合,空间序列有起、有伏,有抑、有扬,有一般、有重点、有高潮。

(6)空间的引导与暗示——利用曲墙、楼梯、指示性装饰、有方向性的标志,引导人们沿着一定的路线从一个空间到达另一个空间。

2)室内空间组织的形式美

在室内空间组织中,还应遵循室内设计中形式美的规律,如统一、均衡、稳定、对比、韵律、比例、尺度等。尽管空间形式千差万别,人们的审美观也各不相同,但这些形式美的规律是普遍能被人接受的。在设计中应遵循形式美规律,创造符合美的规律的空间形体。

(1)统一与变化。

统一与变化,即"统一中求变化","变化中求统一"的法则。它是形式美的根本规律,任何室内空间都存在着若干统一与变化的因素。室内空间中,由于功能要求不同,形成空间大小、形状、结构处理等方面的差异。但这些差异又有某些内在的联系,如使用性质不同的空间,在装修形式上亦可采取统一的处理方式,这些反映到形式上就是统一的一面。因此,统一应是外部形象和内部空间及使用功能的统一,变化则是在统一的基础上,使空间形象不至于单调、呆板。

为了取得处理的和谐统一,可采用以简单的几何形状求统一和主次分明求统一等基本手法。以简单的几何形体求统一,是利用容易被人们所感受到的简单的几何形体,如长方体、正方体、球体等本身所具有的一种必然的统一性。

复杂的室内空间组合,如果不分主次,就会削弱主体空间的统一,使空间显得平淡、松散,因此,要强调主次分明的统一,在室内空间组织中,常可运用轴线处理来突出主体,取得主次分明、完整统一的空间形象。

(2)均衡与稳定。

均衡指形体的前后、左右之间保持平衡的一种美学特征。它分对称均衡与不对称均衡,对称均衡是以中轴线为中心,重点强调两侧对称,以取得完整统一的效果,形式较庄严肃穆。不对称均衡是将均衡中心偏于一侧,利用不同体量、材料、色彩、虚实变化等的平衡达到不对称均衡的目的,这种形式较轻巧活泼。

稳定是指形体上下之间的轻重关系。在人们实际感受中,上小下大、上轻下重的处理能获得稳定感。

(3)对比与微差。

一个有机统一的整体,各种要素按照一定秩序结合在一起的同时,必然还有各种差异,对比与微差所指

的就是这种差异。在设计中,对比指的是各部分之间显著的差异,而微差则是指不显著的差异,即微弱的对比。对比,可以借助相互之间的烘托而突出各自的特点,以求得变化;微差,可以凭借彼此之间的连续性以求得协调。只有把这两个方面巧妙结合,才能获得统一性。

设计中的对比与微差因素,主要有量的大小、长短、高低、粗细的对比,形的方圆、锐钝的对比,方向对比,虚实对比,色彩、质地、光影的对比等。对比强烈,则变化大,突出重点;对比微弱,则变化小,易于取得协调统一的效果。

4)韵律与节奏

所谓韵律,常指形体中有组织的变化和有规律的重复。常用的韵律手法有连续韵律、渐变韵律、起伏韵律和交错韵律等,空间的形体、色彩、质感等的重复和有组织的变化,都可形成韵律来丰富空间形象。节奏的应用,可以产生根本的统一性和多样性,它以不同的方式美化居室,和谐和统一性是节奏的重复和渐进的产物。特征和个性在一定程度上由基本的节奏决定——轻松愉快、粗犷活泼、精致安宁。节奏中蕴含着运动和方向,让居室显得勃勃生机。

5)比例与尺度

比例是指物体长、宽、高三个方向之间的大小关系。空间形体中,无论是整体或局部,还是整体与局部、局部与局部之间都存在着比例关系。尺度研究的是空间整体与局部大小印象和真实大小之间的关系。比例也只是一种相对的尺度,只有通过某些构件,作为尺度标准进行比较,才能体现出空间整体或局部的尺度感。家居的尺度关系包含了设计的所有范畴。

2.2　装饰材料分析

材料是室内设计的载体,材料的运用是室内设计极为重要的环节。材料的使用不仅能实现室内设计的使用功能,而且能营造不同的氛围。设计者需要了解各种材料的基本特征和使用方法。

1. 木材

木材是最常用的室内装饰材料,木材给人亲切、温馨、自然的感觉,它材质轻、强度大,易于加工成各种形状,是室内装修工程及家具制造的主要饰面用材(见图1-26)。

图 1-26　木方材

1)天然木材

　　天然木材饰面是指用天然的树木加工而成的各种制品。天然木材的种类有榉木、水曲柳、松木、杉木、胡桃木、樱桃木、柏木等。天然木材材质硬且重,强度较大,纹理美观,色彩柔和。(见图 1-27～图 1-31)

图 1-27　木材纹样

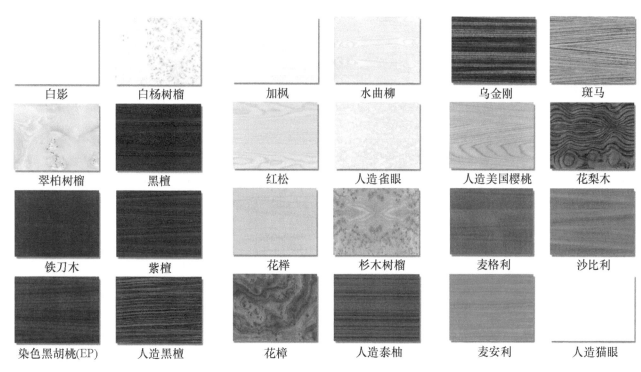

白影	白杨树榴	加枫	水曲柳	乌金刚	斑马
翠柏树榴	黑檀	红松	人造雀眼	人造美国樱桃	花梨木
铁刀木	紫檀	花榉	杉木树榴	麦格利	沙比利
染色黑胡桃(EP)	人造黑檀	花樟	人造泰柚	麦安利	人造猫眼

图 1-28　木材纹样

图 1-29　枫木饰面　　　　　图 1-30　红榉饰面　　　　　图 1-31　胡桃木饰面

（2）人造板材

除了天然木材外，现代装修还大量使用木材的边角废料加工而成的人造板材。人造板材的种类有胶合板、纤维板、刨花板、细木工板等。

（1）胶合板。胶合板也称夹板，将原木蒸煮软化沿着年轮切成大张薄片，通过干燥、胶贴热压而成，由三层或多层 1 mm 的单板胶贴热压而成，按厚度其规格分为 3 mm、5 mm、9 mm、11 mm 板。胶合板强度大，抗弯性好，选购时要注意面板缺陷，如裂纹、颜色不均、鼓泡、脱胶等。（见图 1-32）

（2）纤维板：也称为密度板，是以植物木纤维为主要原料热压成型的板材，按其密度分为高密度板、中密度板、低密度板。这种板材材质均匀，不变形，主要用于强化木地板、层板、门板、家具等。

（3）刨花板。将刨花、木屑等木材加工剩余物经干燥、胶贴热压加工而成的板材，具有平整、隔声、经济、环保等优点，但抗弯性、抗拉性较差，是家具的主要材料。

（4）细木工板。细木工板也称大芯板，它以天然木条黏合成芯，上下两层为胶合板。细木工板强度大、变形小、稳定性好，用途极广，是装修的主要材料，但含水率高，含有甲醛。

3）木地板

木地板是指用核桃木、柚木、樱桃木等优良木材或密度板等人造板材，经干燥处理后，加工出的条状木板制品。分实木地板和复合木地板两种。（见图 1-33）

图 1-32　胶合板　　　　　　　　　　　图 1-33　木地板

4）木线条

木线条是指选用质硬、耐磨或纹理美观的木材或密度板，经干燥处理后，加工而成的制品，主要有楼梯扶手、压边线、墙腰线、天花角线、挂镜线等。各类木线条有多种断面形状，有平线、半圆线、齿形线等。

2. 石材

石材质地坚硬，具有丰富的色泽、肌理、纹样，有较高的强度和较好的加工性，但施工困难、易碎、不吸音。

1）天然石材（见图 1-34）

（1）花岗岩。花岗岩为岩浆岩，构造致密、硬度大、耐磨、耐腐蚀，多用于室内外墙面和地面装修。

（2）大理石。大理石多为变质岩，结构细密、坚实、纹理美观，多用于室内墙面与地面装修。

2）人造石材

（1）人造大理石、人造花岗岩。人造大理石、人造花岗岩以石粉或石渣为主要原料，以树脂为胶结剂，热压成型，其抗污力、耐久性均优于天然石材。

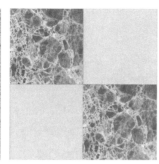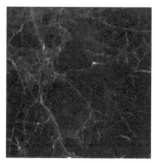

图 1-34　天然石材

（2）水磨石。水磨石是用水泥和石渣为原料，搅拌成型制成一定形状的人造石材。

3. 陶瓷装饰材料

陶瓷通常是指以黏土为主要原料，经原料处理、成型、焙烧而成的无机非金属材料。建筑陶瓷主要是指用于建筑内外饰面的干压陶瓷砖和陶瓷卫生洁具。（见图 1-35）

干压陶瓷砖按材质分为瓷质砖等、陶质砖、炻质砖，按应用特性分为釉面内墙砖、墙地砖、陶瓷锦砖等。

釉面内墙砖采用瓷土或陶土经低温烧制而成，大多施有釉层，故又称釉面砖、瓷砖等。

墙地砖为陶瓷外墙面砖和陶瓷铺地砖的统称，是采用陶土质黏土为原料，高温高压烧制而成的。

陶瓷锦砖俗称马赛克，是以优质瓷土烧制而成的小块瓷片，铺贴在牛皮纸上形成色彩丰富、图案繁多的装饰砖。

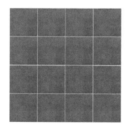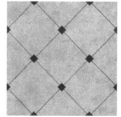

图 1-35　陶瓷砖

4. 玻璃

玻璃透明性好，透光性强。室内设计常用的玻璃种类如下。

（1）清玻，是指普通平板玻璃，厚度为 2～15 mm。

（2）彩色平板玻璃，在平板玻璃中加入着色金属氧化物而制成。

（3）釉面玻璃，即在玻璃表面涂敷一层彩色的易溶釉料，经烧结等工艺处理制成的具有美丽色彩和图案的玻璃。

（4）磨砂玻璃，又称毛玻璃，表面粗糙，透光不透视，图案多样。

（5）花纹玻璃，分压花、雕花、刻花等，立体感强，图案丰富，透光不透视，装饰效果好。

（6）玻璃马赛克，又称玻璃锦砖，是一种乳浊状半透明、小规格的装饰玻璃制品。（见图 1-36）

（7）玻璃砖，用两块玻璃经高温压铸成的四周密闭的空心砖块，一

图 1-36　玻璃马赛克

般用于砌筑墙体。(见图 1-37)

(8)裂纹玻璃,用三片玻璃加胶,中间一片钢化,胶干后把中间一片敲裂,使其呈裂纹状,能使室内光线柔和且具有装饰性。(见图 1-38)

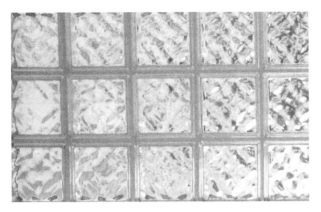

图 1-37　玻璃砖

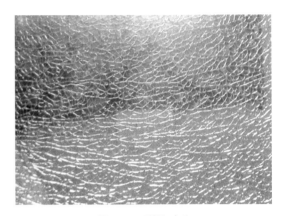

图 1-38　裂纹玻璃

5.涂饰材料

涂饰材料,按使用部位可分为木器涂料、内墙涂料、外墙涂料和地面涂料,按溶剂特性可分为溶剂型涂料、水溶性涂料和乳液型涂料。

1)木器涂料

溶剂型涂料用于家具饰面或室内木装修,常称为油漆。木器涂料常见品种有清漆、调和漆、磁漆和聚氨酯漆等。

(1)清漆,是以树脂为主要成膜物质,不含颜料的透明漆,分油脂清漆和树脂清漆。油脂清漆俗称凡立水,有合成树脂、干性油、溶剂、催干剂等配制而成。树脂清漆不含干性油,干燥快,色泽光亮,常适用于木材和金属表面。

(2)调和漆,是在熟干性油中加入颜料、溶剂、催干剂等调和而成的,是最常用的一种油漆,适用于钢铁、木材表面涂饰。

(3)磁漆,是在清漆的基础上加入无机颜料而制成的,因漆膜光亮、坚硬,酷似瓷器而得名,适用于室内涂饰和家具,也适用于钢铁和木材表面。

(4)聚氨酯漆,是以聚氨酯为主要成膜物质的木器涂料。漆膜强韧,附着力强,耐水、耐磨、耐腐蚀,为木器常用涂料。

2)内墙涂料

(1)乳液型内墙涂料包括丙烯酸酯乳胶漆、苯-丙乳胶漆、乙烯-乙酸乙烯乳胶漆等。

(2)水溶性内墙涂料包括聚乙烯醇水玻璃内墙涂料、聚乙烯醇缩甲醛内墙涂料等。

3)外墙涂料

(1)溶剂型外墙涂料包括过氯乙烯、苯乙烯焦油、丙烯酸酯、聚氨酯系等外墙涂料。

(2)乳液型外墙涂料包括薄质涂料纯丙乳胶漆、苯-丙乳胶漆、氯-偏共聚乳胶厚涂料等。

(3)水溶性外墙涂料以硅溶胶外墙涂料为代表。

(4)其他类型外墙涂料包括复层外墙涂料和沙壁状涂料等。

4)地面涂料

(1)溶剂型地面涂料包括过氯乙烯地面涂料、丙烯酸-硅树脂地面涂料、聚氨酯-丙烯酸酯地面涂料等。

（2）乳液型地面涂料有聚醋酸乙烯地面涂料等。

（3）合成树脂厚质地面涂料包括环氧树脂厚质地面涂料、聚氨酯弹性地面涂料、不饱和聚酯地面涂料等。

6.装饰织物

1）墙纸、墙布（见图 1-39）

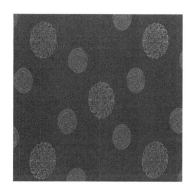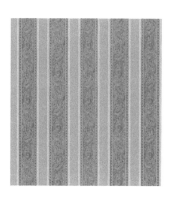

图 1-39　墙纸、墙布

（1）纸基墙纸，不易变色，图案多样，便宜但不耐水、易断裂。

（2）纺织物墙纸，是以棉、麻、毛等天然纤维材料经工艺处理黏合于纸基上而制成的一种墙纸。

（3）塑料墙纸，是以纸为基材，以聚氯乙烯为面层，经涂布、轧花、发泡等工艺而制成的双层复合贴面材料，是目前国内外使用广泛的一种室内墙面装饰材料。

（4）印花玻璃纤维墙布，是玻璃纤维织物经染色、印花等多种工艺过程制成的。其特点是表面光滑、色彩调和、品种繁多、坚韧牢固、耐水、耐火、燃烧时无毒气。

（5）平绒丝绒，色彩真实，品种繁多，质感柔软，是一种高级的装饰材料，适用于居室、客厅、会议厅等，格调高雅，极能体现原定的设计意图和气氛。为防潮、防腐，这些织物应该糊于木缝层上，再架空固定在墙面上。

（6）皮革与人造革，皮革与人造革墙面柔软、消声、温暖。用皮革和人造革覆盖墙面时，墙面应该首先进行防潮处理，一般做法是先抹防潮砂浆，再贴油毡。在防潮层上立木筋，并用胶合板做衬板。整个墙面可分成若干条块，透过衬板钉在木筋上。

2）地毯（见图 1-40）

图 1-40　地毯

(1)羊毛地毯,手感柔软、花纹美观,但价格昂贵、易被虫蛀。

(2)混纺地毯,以毛纤维和各种合成纤维混纺而成的地毯。

(3)化纤地毯,以丙纶、腈纶纤维为原料,品质与触感极似羊毛,耐磨、防污、防虫蛀。

7. 金属材料

金属质地坚硬,强度大,但易被腐蚀,难以加工。

(1)钢材制品,有不锈钢、彩色钢板、彩色涂层钢板、彩色压型钢板、搪瓷钢板、轻钢龙骨等。

(2)铝合金装饰材料,有铝合金型材、装饰板、花纹板、压型板、穿孔板、铝单板、塑铝板等。

8. 其他材料

1)塑料制品

(1)塑料管道(见图 1-41)。

硬聚氯乙烯(PVC-U)管,用于排水管道、雨水管道。

图 1-41　塑料管道

无规共聚聚丙烯(PP-R)管和聚丁烯(PB)管,应用于饮用水、冷热水管。

(2)三聚氰胺层压板。以厚纸为骨架,浸渍三聚氰胺热固性树脂,多层叠合经热压固化而成的薄型贴面材料。三聚氰胺层压板常用于墙面、柱面、家具、吊顶等饰面工程。

(3)塑铝板。这是一种以 PVC 塑料为芯板,正背两表面为铝合金薄板的复合材料,广泛应用于建筑外墙、柱面和顶面的饰面处理。

2)石膏板

石膏板是用石膏、废纸浆纤维、聚乙烯酵黏结剂和泡沫剂制成的,具有可锯、可钻、可钉、防火、隔声、质轻、不受虫蛀等特点。其表面可以喷涂、刷漆或贴墙纸。石膏板可以直接粘贴在墙体上,也可钉在或挂在龙骨上,构成轻隔墙。

3)矿棉板

矿棉板以矿物纤维为原料制成,具有防火、防潮、隔热、质轻及吸音等优点。

2.3　色彩分析

色彩是一个最实际的装饰因素,同样的家具、陈设、织物等,施以不同色彩,可以产生不同的装饰效果。室内设计涉及的空间处理、家具陈设、照明灯具等各个方面,最终都要以形态和色彩为人们所感知。

1. 色彩的分类

(1)背景色,指墙面、天花板和地面在室内有较大的面积的色彩,它们是室内色彩中首先考虑与选择的,

尤其是墙面色彩的选择,对家具、织物等具有重要的衬托作用。(见图1-42、图1-43)

(2)主体色,指家具、窗帘等纺织物陈设的色彩。(见图1-44)

(3)点缀色,指灯具、工艺品等陈设品的小面积色彩,色彩宜强烈。(见图1-45)

图1-42 以粉紫色为墙面背景色,空间淡雅柔和

图1-43 以蓝色为墙面背景色,空间典雅

图1-44 以窗帘等纺织物陈设色为主体色

图1-45 视觉强烈的点缀色

2. 色彩的运用

室内色彩设计的成败在于正确处理各种色彩之间的关系,其中最关键的问题是解决调和与对比的问题。色彩协调可以营造平和、稳定的气氛,但过分强调协调可能会显得平淡无奇、单调、呆板、毫无生气;色彩对比可以使室内气氛生动活泼,但对比过度会使室内气氛失去稳定,产生强烈的刺激。

处理室内色彩关系的一般原则是"大调和、小对比",即大的色块间强调协调,小的色块与大的色块要讲对比,或者说在总趋势上强调协调,有重点地形成对比。

(1)调和色,指的是色相相同而色调不同的色彩组合和色相相近的色彩组合。整个室内环境具有统一的基调,呈现和谐、大方、欢悦的效果。(见图1-46、图1-47)

(2)对比色,对比色冷暖相反,对比强烈,容易形成鲜明、强烈、跳跃的性格,能增强环境的表现力与运动感。(见图1-48)

3. 室内色彩设计的要求

(1)充分考虑功能要求,室内色彩设计体现与功能呼应的性格和特点。

图 1-46　和谐的室内色彩

图 1-47　调和的色彩营造平和、稳定的气氛

图 1-48　过度的色彩对比

(2)根据室内设计的风格确定色彩主调,正确处理协调与对比、统一与变化、主景与背景、基调与点缀等各种关系。

①要定好基调,确定室内空间的主色调。室内色彩的基调是由面积最大、人们注视得最多的色块决定的,通常选用含有同类色素的色彩来配置,从而获得视觉上的和谐与美感。一般来说,地面、墙面、顶棚、大的窗帘、床单和台布的色彩都能构成室内色彩的基调。

主色调决定了室内环境的气氛,因此确定主色调必须充分考虑空间的性格、主题、氛围要求。一般来说,形成色彩基调的因素相当多。从明度上讲,可以形成明调子、灰调子和暗调子;从冷暖上讲,可以形成冷调子、温调子和暖调子;从色相上讲,可以形成黄调子、蓝调子、绿调子等。偏暖的主色调形成温暖的气氛,偏冷的主色调则产生清雅的格调。

②处理好统一与变化的关系。定好基调是使色彩关系统一协调的关键。在主色调确定后,要通过色彩的对比形成丰富多彩的视觉效果。对比可使各自的色彩更鲜明,加强色彩的表现力和感染力。但同时应注意色彩的呼应关系,在设计的过程中,应始终明确色彩的主从关系,不能喧宾夺主,影响主色调。为了取得既统一又有变化的效果,大面积的色块不宜采用过分鲜艳的色彩,小面积的色块则宜适当提高明度和彩度。

进行室内色彩设计时,要遵循以下顺序:从整体到局部,从大面积到小面积,从美观要求较高的部位到美观要求不高的部位。

从色彩关系上看,首先要确定明度,然后再依次确定色相(冷、暖)彩度和对比度。

2.4　照明分析

了解照明光源、灯具及照明方式等相关知识,掌握简单的照明工程设计和艺术灯光设计,可以改善和丰富室内环境。

1. 照明方式

(1)间接照明,将光源遮蔽而产生间接照明,把90%～100%的光射向天棚,能达到柔和无阴影的效果。

(2)半间接照明,将60%～90%的光射向天棚,把天棚作为主要的反射光源,而将10%～40%的光直接照于工作面,能增加室内的间接光,光线更为柔和宜人。

(3)直接照明,把90%～100%的光射向下方,光通量利用率较高,但照明效果不理想。

(4)半直接照明,把60%～90%的光向下直射到工作面上,而其余10%～40%的光向上照射,能减少照明环境产生阴影的硬度,并改善其表面的亮度比。

(5)漫射照明,对所有方向的照明几乎都一样,光线均匀地投向各个方向,能产生很好的照明效果。

2. 灯具的种类与布置方式

(1)灯具的种类

灯具的种类及特点如表1-3、图1-49所示。

表 1-3　灯具的种类及其特点

种　　类	特　　点
筒灯	安装在天花板内,是一种隐藏式灯具,光线往下投射
射灯	光线集中,装饰效果强,射灯分下照射灯和路轨射灯
吸顶灯	灯具紧靠顶棚安装,多以乳白玻璃为散光罩材料
隔栅灯	多为嵌入式隔栅灯
壁灯	装设在墙壁上,光线柔和
吊灯	垂吊在天花板下方,一般用于整体照明
台灯	放置在工作台上,主要用于局部照明
轨道灯	有轨道和灯具组成,通过集中投光强调物体

2)灯具的布置方式

(1)整体照明,是最常用的照明方式,常采用匀称的镶嵌于天棚上的固定灯具,这种形式为照明提供了一个良好的水平面,在工作面上照度均匀一致,在光线经过的空间没有障碍,任何地方光线都充足。

(2)局部照明,采用台灯、射灯等用光罩把光线控制在一定的范围之内。

(3)成角照明,采用特别设计的反光罩,使光线射向主要方向。这种照明是由于墙表面的照明和对表现装饰材料质感的需要而发展起来的。

3. 室内光环境设计要求

1)照度的要求

光源在某一方向单位立体角内所发出的光通量称为光源在该方向的发光强度。被光照的那一面上其单位面积内所接收的光通量称为照度,其单位为lx。在设计中应根据空间的情况决定合适的照度,照度过高、过亮会造成眩光,过低则满足不了视觉要求。不同使用功能的空间对照度的要求不同。

图 1-49 灯具的种类简图

2)亮度分布

合理的亮度分布取决于三个因素:物体的视角、物体与背景之间的亮度对比、背景的亮度。通常靠提高背景亮度、提高照度等手法控制亮度分布。

3)眩光控制的要求

视野内由于光的亮度分布或亮度范围不适当,或者在空间或时间上亮度对比悬殊,引起眼睛不舒适或降低观察能力的现象称为眩光。眩光的产生主要与光源的亮度和人的视角有关。避免眩光可采取遮阳或降低光源的亮度、移动光源位置和隐蔽光源等方法。

4)光色的要求

光色主要取决于光源的色温,并影响室内的气氛。色温低,感觉温暖;色温高,感觉凉爽。一般色温小于 3 300 K 的为暖色,色温为 3 300 K～5 300 K 的为中间色,色温大于 5 300 K 的为冷色。光源的色温应与照度相适应,即随着照度增加,色温也应相应提高。否则,在低色温、高照度下,人会感到酷热;而在高色温、低照度下,人会感到阴森。

5)艺术美的要求

光不仅要满足基本的照明要求,还应满足室内空间的艺术性要求。一般要在改善空间、渲染气氛、塑造形象等方面进行光环境设计。

(1)改善空间形象。空间的不同效果,可以通过光的作用充分表现出来,室内空间的开敞性与光的亮度成正比,亮的房间感觉要大一点,暗的房间感觉要小一点,充满房间的无形的漫射光,也使空间有无限的感觉,而直接光能加强物体的阴影,光影相对比,能加强空间的立体感。

(2)渲染气氛。光的亮度和色彩是决定气氛的主要因素,光的明暗、动静、冷暖、虚实给人不同的心理感受。

(3)照明的布置艺术和灯具造型艺术。光既可以是无形的,又可以是有形的,光源可隐藏,灯具却可暴露,有形、无形都是艺术。大范围的照明,如天棚、支架照明,常常以其独特的组织形式来吸引观众,灯具的布置关键不在于个别灯管、灯泡,而在于组织和布置的艺术。灯具造型一般小巧、精美、雅致,现代灯具都强调几何形体构成,在基本的球体、立方体、圆柱体、棱锥体的基础上加以改造,演变成千姿百态的形式,运用对比、韵律等构图原则,达到新颖、独特的效果图。(见图 1-50～图 1-52)

图 1-50　强烈的光影效果

图 1-51　光烘托气氛

图 1-52　光塑造艺术形象

4. 室内照明设计方法

(1)明确照明设施的用途与目的。确定室内照明的用途与使用目的,确定需要通过照明设施所达到的功能要求与气氛要求。

(2)确定适当的照度。根据照明目的选定适当的照度,根据使用要求确定照度的分布,根据活动性质、活动环境及视觉条件选定照度标准,控制照明质量。

(3)选择光源,确定照明方式和照明灯具。

(4)照明灯具的配置。室内照明设计应考虑如何合理分布光线,满足室内空间跟照明的整体感与艺术性。

2.5　家具与陈设分析

家具是室内环境的重要组成部分,设计、选择和布置家具是室内设计的重要内容。室内设计的根本任务是为人们创造一个理想的生活环境,而这种环境离开家具是很难形成的。

1. 家具的功能

1)家具的使用功能

家具能为人们的生活起居、工作学习等提供坐、卧、书写等条件。家具设计必须以人体工程学为基础,使其大小、高低、曲直、软硬符合人的生理要求。

2)划分空间、组织人流

家具能成为空间划分的分隔物,还具有组织人流的功能。

3)平衡构图

室内空间拥挤闭塞还是舒展开敞,统一和谐还是杂乱无章,在很大程度上取决于家具的数量、款式和配置。因此,可通过调整家具来解决空间的疏密、轻重等问题。

4)形成风格

家具的风格与特色能在很大程度上影响室内环境的风格与特色。家具可以体现民族风格。中国明式家具的典雅、日本传统家具的轻盈、意大利巴洛克风格、法国洛可可风格、古埃及风格、印度风格等,在很大程度上就是指家具表现出来的风格。

5)烘托气氛、陶冶情操

室内空间的气氛和意境是由多种因素形成的,在这些因素中,家具有着不可忽视的作用。

2. 家具的种类

(1)按使用功能分,有坐卧类、凭椅类、储存类。

(2)按使用材料分,有木家具、竹家具、金属家具、塑料家具和软体家具。

(3)按结构形式分,有框架家具、板式家具、折叠家具、支架家具、充气家具和塑料浇铸家具。

3. 国内外家具风格

1)古埃及、古希腊、古罗马家具

(1)古埃及家具的特征是直线占优势,矮的方形或长方形靠背,宽低的座面,侧面成内凹或曲线形,采用几何或螺旋形植物图案装饰,用贵重的涂层和各种材料镶嵌;用色鲜明,富有象征性;凳和椅是家具的主要组成部分。古埃及家具造型规则,华贵中暗示权威,拘谨中具有动感。

(2)古希腊家具的主要特征是造型适合生活要求,具有活泼、自由的气质,比例适宜,线条简洁,造型轻巧,优美舒适,充分体现了功能与形式的统一,而不是过分追求华丽的装饰。古希腊家具中最有代表性的品种是凳、椅、箱。

(3)古罗马家具是对古希腊家具的继承和发展。古罗马时期是奴隶制时代家具的高峰期,现存的古罗马家具都是大理石、铁或青铜的,包括躺椅、床、桌、王座和灯具。从现存家具看,板面很厚实,桌脚喜欢用狮脚,还常用浮雕或圆雕做装饰。

2)中世纪家具

中世纪的家具深受宗教的影响,祭司、主教们用的座椅古板笨重,靠背很高,为的是突出表现他们的尊严与高贵。这时期的家具常用鸟兽、果实、人物图案做装饰,除使用木材外,还大量使用金、银、象牙等。

12世纪后半叶,哥特式艺术兴起。哥特式家具主要用在教堂中,其主要特色是挺拔向上,竖线条多,座面、靠背多呈平板状。这种造型深受哥特式建筑的影响,哥特式建筑以尖拱代替罗马的圆拱,在宽大的窗子上饰有彩色玻璃,广泛运用簇柱和浮雕,顶部有高耸入云的尖塔……所有这一切,在家具中都有不同程度的反映。

3)文艺复兴时期的家具

文艺复兴时期的家具在哥特式家具的基础上,吸收了古希腊、古罗马家具的特长。在风格上,一反中世纪家具封闭沉闷的态势;在装饰题材上,消除了宗教色彩,显示更多的人情味;镶嵌技术更为成熟,还借鉴了不少建筑装饰和要素,箱柜类家具有檐板、檐柱和台座,并常用涡形花纹和花瓶式的旋木柱。

4)巴洛克家具

巴洛克家具完全模仿建筑造型的做法,习惯使用流动的线条,使家具的靠背面成为曲面,使腿部呈S形。巴洛克家具还采用花样繁多的装饰,如雕刻、贴金、描金、涂漆、镶嵌象牙等,在坐卧家具上还大量使用纺织品做蒙面。

5)洛可可家具

洛可可家具是在巴洛克家具的基础上发展起来的。它排除了巴洛克家具追求豪华、故作宏伟的成分,吸收并发展了曲面曲线形成的流动感,以复杂多变的线形模仿贝壳和岩石,在造型方面更显纤细和花哨,不强调对称均衡等规律。(见图1-53)

6)新古典主义家具

19世纪初,欧洲从封建社会进入资本主义社会。新兴的资产阶级对反映贵族腐化生活、大量使用烦琐装饰的巴洛克和洛可可风格表示厌恶,极力希望以简洁明快的手法代替旧风格。当时的艺术家崇尚古希腊艺术的优美典雅、古罗马艺术的雄伟壮丽,坚定地认为应以古希腊、古罗马家具作为家具设计的基础,这时期便称为"新古典主义"时期。(见图1-54)

7)现代家具

从19世纪中期起,家具设计逐渐走向现代,即从重装饰走向重功能,从重手工走向重机械。19世纪末兴起的工艺美术运动对现代家具的发展起了促进作用。现代家具的基本特点是:注重功能,讲究适用,强调以人体工程学的理论为指导确定家具的尺寸;外观简洁大方,线脚不多,造型优美,没有烦琐的装饰;注重纹理、质地、色彩,体现材料的固有美;与机械化、自动化生产方式相联系,充分考虑生产、运输、堆放等要求;注意应用新的科技成就,使用新材料、新技术、新配件,在使用中与灯光设备、声响设备、自控设备、自动化的办公系统相结合。(见图1-55～图1-57)

图 1-53　洛可可家具

图 1-54　新古典主义风格家具

图 1-55　现代家具 1

图 1-56　现代家具 2

8)中国传统家具

　　明代是我国古代家具制作生产的高峰期,明代家具的特点是用材合理,既注意材料的力学性能,又充分利用和表现材料的色泽和纹理;结构轻巧,采用框架结构,符合力学原理;造型简洁,线条单纯有力,体型稳重,比例适度,没有多余的装饰。明代家具把使用功能和精神功能、技术和艺术很好地统一起来,在国内外享有很高的声誉。我国现代家具中富有民族特色的,主要都是吸收借鉴了明代家具的长处。(见图 1-58)

图 1-57　现代家具 3

图 1-58　明代家具

4. 家具的配置

室内设计师的主要任务不是直接设计家具,而是选择和布置家具,从环境总体要求出发,对家具的尺寸、风格、色彩等提出要求,或者选用现成家具,或者审定家具样品,并就家具的布局提出意见。

1)确定类型和数量

根据空间功能要求选择适当的家具,根据空间的尺度选择家具的数量和尺度。

2)确定合适的风格

室内空间的设计风格决定了家具的风格,同样空间风格的形成也需要家具的形、色、材来营造和渲染。

3)确定合适的格局

格局即家具布置的结构形式,分为规则式和不规则式两大类。规则式多表现为对称式,有明显的轴线,特点是严肃和庄重。不规则式的特点是不对称,没有明显的轴线,气氛自由、活泼、富于变化。不论采取哪种格局,家具布置都应符合有散有聚、有主有次的原则。

5. 室内陈设的分类

(1)功能性陈设,指具有一定使用功能又有一定装饰作用的陈设,包括家具、窗饰、器皿、灯具等。(见图1-59、图1-60)

(2)装饰性陈设,指纯粹具有观赏性质的陈设,包括字画、雕塑、工艺品等。(见图1-61)

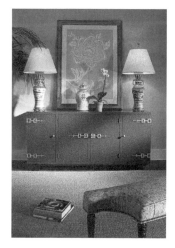

图 1-59　功能性陈设 1　　　　　图 1-60　功能性陈设 2　　　　　图 1-61　装饰性陈设

6. 室内陈设的选择和布置原则

(1)室内的陈设应与室内使用功能一致。

一幅画、一件雕塑、一副对联,它们的线条、色彩,不仅应表现本身的题材,也应与空间场所相协调。只有这样,才能反映不同的空间特色,形成独特的环境气氛,赋予深刻的文化内涵。(见图1-62)

(2)室内陈设品的大小、形式应与室内空间家具尺度形成良好的比例关系。

室内陈设品过大,常使空间显得小而拥挤,过小又可能产生室内空间过于空旷的感觉。

(3)陈设品的色彩、材质也应与家具、装修统一考虑,形成一个协调的整体。

在色彩上可以采取对比的方式以突出重点,或者采取调和的方式,使家具和陈设之间、陈设和陈设之间形成相互呼应、彼此联系的协调效果。

图 1-62　传统陈设元素营造独特的环境氛围

（4）陈设品的布置应与家具布置方式紧密配合,形成统一的风格。

对于良好的视觉效果,稳定的平衡关系,空间的对称或非对称,静态或动态,平衡或不平衡,风格和气氛的严肃、活泼、活跃、雅静等,布置方式起到关键性的作用。（见图 1-63）

图 1-63　对称的挂画强化了空间的平衡感

第三单元
室内设计的设计定位与基本程序

> **教 学 方 式**

课堂示范教学和现场教学。

> **目 的 与 要 求**

掌握室内设计现场勘测方法;

了解室内设计方案的设计思维与设计表现过程。

> **知识与技能**

能进行设计方案的分析与比较和设计方案的创意构思。

> **教学过程**

理论讲述→分析与讨论→课题实训→指导作业→讲评与小结。

> **实训课题**

选取某施工现场进行测量实训和选取空间做方案快题设计训练。

3.1　室内设计的设计定位

设计定位需要全面的思维能力。设计定位的中心在于设计概念,设计概念的提出与运用是否准确,决定了设计定位的意义与价值。设计概念的提出注重设计者的主观感性思维,只要是出自设计分析的想法,都应扩展和联想并将其记录下来,以便为设计概念提供准确而丰富的材料。在这个思考过程中主要运用的思维方式有联想、组合、移植和归纳。设计定位的实际运用过程需要依靠市场调查、客户分析等实践得出的结论进行联想,从而启发进一步思维活动的开展。设计者的本体思维差异也决定了其联想空间深度和广度的相互差异。设计概念的运用阶段在于将抽象出来的设计细分化、形象化,以便能充分运用到设计中去。在这个过程中所运用的思维方法有演绎、类比等几种形象化思维。演绎是指设计概念实际运用到具体事物的创造性思维方法,即由一个概念推演出各种具体的概念和形象。设计概念的演绎可以从概念的形式方向、色彩感知、历史文化特点、名胜地域特征诸多方面进行思考,逐步将设计概念扩散,演变为一个系统性的庞大网状思维形象。演绎的深度和广度直接决定了设计概念利用的充分与否。类比就是依据对设计概念的认识而使其发展的创造性思维方法。设计概念是将不同的事物抽象出共同的特性进而总结形成的,而类比则是将概念的可利用部分进行二次创造与发散,产生不同的形式与事物的过程。

3.2　室内设计的基本程序

室内设计根据设计的进程,一般分为四个阶段,即设计准备阶段、方案设计阶段、施工图设计阶段和设计实施阶段。

室内设计各阶段任务如表1-4所示。

表1-4　室内设计各阶段任务

阶　段	项　目　内　容	
设计准备阶段	接受委托,明确设计任务和要求,收集资料和信息	1.用户的需求,预期的效果
		2.用户拟投入的资金,装修档次
		3.材料设备价格,工时定额资料,各工种的配合
		4.熟悉设计规范
		5.进行实地考察,现场测量

续表

阶　　段	项 目 内 容
方案设计阶段	1. 平面图、立面图、天棚平面图设计
	2. 效果图制作(包括手绘效果图)
	3. 工程概算
施工图设计阶段	1. 补充施工所必要的有关平面布置、室内立面等图纸
	2. 构造节点详图、细部大样图、设备管线图
	3. 编制施工说明和工程预算(或工程概算)
设计实施阶段	1. 设计人员向施工单位进行设计意图说明、图纸的技术交底等工作
	2. 提出施工要求,进行技术交流,核定工程量及其他事项
	3. 监理人员根据设计、施工要求进行现场考察,对施工有关事项做记录
	4. 设计人员现场处理与设计图纸的矛盾,对图纸做局部修改或补充
	5. 施工验收
	6. 向用户交代日常管理和维护问题

下面详细介绍前三个阶段的内容,第四个阶段的内容请参考其他相关书籍。

1. 设计准备阶段

在正式开始设计前,有一个设计的准备阶段。在设计准备阶段需要做大量的准备工作,这些准备工作关系到设计的定位和决策,关系到设计概念是否恰当,关系到设计最终能否被采用。

1)设计任务书

(1)用户在功能使用上的具体要求。

(2)用户对装修档次、空间审美意识的具体要求。

(3)用户对工程投资额限定性的具体要求。

(4)其他内容:设计时间的要求;工程项目的地点;工程项目的设计范围;内容与设计深度;空间的功能区域划分;设计风格的发展方向;设计进度与图纸类型。

2)信息的收集

所谓信息是指与所要进行的设计项目有关的各种数据、图纸、文字、同类型案例、现场情况等的总称。

图 1-64　现场空间实图

在设计的准备阶段,信息收集是一项极其重要的工作。信息掌握越充分,就越有可能在设计定位和设计决策中有更多构思,就越能够打开思路,帮助设计者建立一个明晰而合理的设计概念,从而把握正确的设计方向。

(1)现场勘测和图纸分析。设计师在接到设计任务后,一般都需要对设计项目进行深入了解,这其中就包括对设计项目的现场空间情况进行测量。(见图 1-64、图 1-65)

设计前需要对项目进行现场勘测,勘测的项目如下。

①校对用户交给的原始尺寸图,重新测量各空间的长度、宽度、高度、门窗位置等。

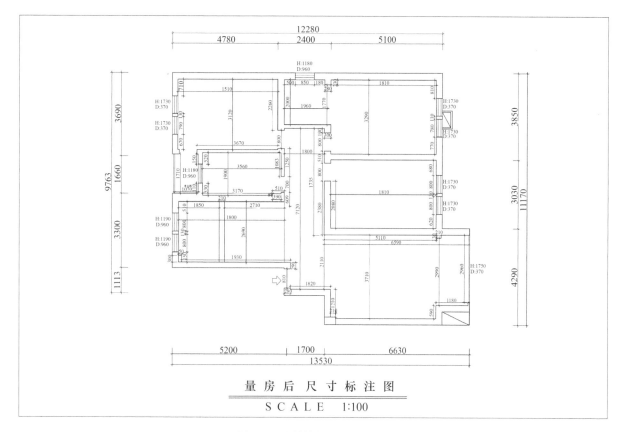

量 房 后 尺 寸 标 注 图

S C A L E   1:100

图 1-65   测量图   空间测量图

②标注各空间的方位、朝向、日照等。

③标注承重墙、剪力墙、梁柱的位置和尺寸。

④标注管、线、孔的位置和尺寸,如水管、煤气管的进出口,厨房的排风口,有线电视的插孔、空调孔、电话线进出口等。

勘测的步骤和方法如下。

①准备工具。准备好记录本、速写本、铅笔、橡皮、卷尺等。

②画草图。徒手画出大体符合比例的平面图,要预留出构建细节的位置。徒手画图时,尽可能使用测量专用纸和坐标纸,图上标注文字的方向应与测量时的站立面一致。

③添加测量数据。测量后随时进行记录,先测量总体尺寸,再测量构建细节尺寸。

(2)对功能进行深入理解。对功能的认识要靠设计师以往的设计同类型空间的设计经验。

(3)市场调查与案例分析。室内设计师在接到设计任务后,应对同类型设计空间做调查和研究,进行相关优秀案例分析,积累设计经验。

3)信息的整理

对信息的整理是将收集的资料进行归纳和分类,从而为设计概念的形成提供比较清楚的思考依据,主要包括如下方面。

(1)用户对设计的要求、想法和建议。

(2)施工现场的条件和制约分析,包括施工现场所在建筑的质量、结构类型,水路、电路、暖通等设施设备和其他服务性设施的分布情况,以及可能会遇到的施工问题和难点。

(3)设计项目与所在城市区域性环境的关系及设计项目与同类型项目在经营方式、装修档次的不同定

位关系。

（4）设计项目的功能特点。

（5）设计项目在目前市场上的设计风格和流行做法考察。

（6）设计项目在设计方案中可能会使用的材料,以及这些材料的市场资料信息。

2. 方案设计阶段

这一阶段首先要进行设计构思,再进行方案设计。

1）设计构思

设计构思也称为准设计阶段。根据特定的建筑空间和功能要求,设计师以形象思维演绎对空间环境、材料造型、风格形式进行综合分析比较,通过丰富的空间形象的甄别,按照整体—局部—整体的思维顺序大胆进行空间与界面设计构思。

设计构思过程必须重点分析以下几个方面的问题。

（1）空间的组织与分隔,人流空间的通透和便捷,各功能空间布局及各配套设施功能布局的合理性。

（2）界面材料与施工造价的预算控制,装饰材料与消防要求的协调。

（3）装饰艺术风格与功能要求的一致性,装饰风格与建筑风格的协调性。

（4）设计师个人品位与业主喜好的认同。

室内空间装饰有着共性与个性的审美差异,设计师应尊重、集纳群体审美要求,再以自己的审美鉴赏加以升华,进行艺术创造。

2）方案设计

设计构思是方案设计的预备阶段,方案设计则为设计构思的具象化。

室内装饰装修工程的方案设计与建筑的方案设计相类似,往往有多套设计方案供用户选择和比较。根据工程面积和功能内容,方案设计得完成总平面(含楼层平面)图、顶平面图、主要墙立面图和主要功能区域的透视效果图,提供主要装饰材料样品和色板,完成方案设计的说明书和概预算书。

下面主面介绍室内平面图、天棚平面图和室内立面图。

（1）室内平面图。

室内平面图依据建筑空间和墙柱轴线,确定人流与功能区域的比例尺寸、走向和形状,解决交通序列和功能分布的矛盾,充分利用原有建筑隔断和自然采光,完善各功能区域具体的组合和分割。

室内平面布置图(见图 1-66)的图示内容如下。

①标注定位轴线、室内结构及尺寸,包括建筑尺寸、净空尺寸、门窗位置及尺寸;

②表现出室内功能布局的平面形式和位置;

③标注地面的饰面材料名称、规格和颜色;

④标明室内装饰件和装饰面的平面形式及尺寸;

⑤标明室内家具、设备、陈设品的摆放位置及交通流线;

⑥图名与比例。

（2）天棚平面图。

天棚平面图表现各功能区域顶棚的造型和灯光的分布,确定空调和通风系统的分布。

天棚平面布置图(见图 1-67)的图示内容如下。

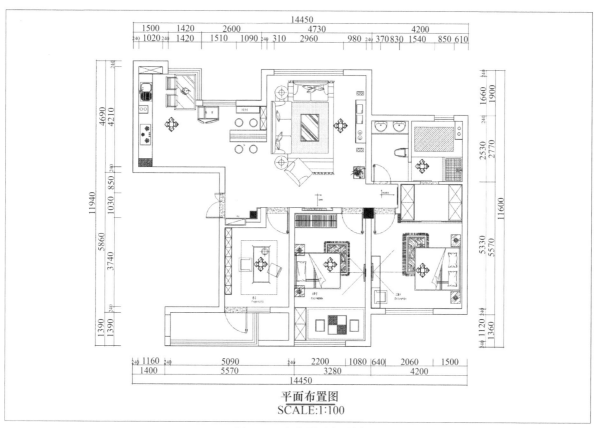

平面布置图
SCALE:1:100

图 1-66　室内平面布置图

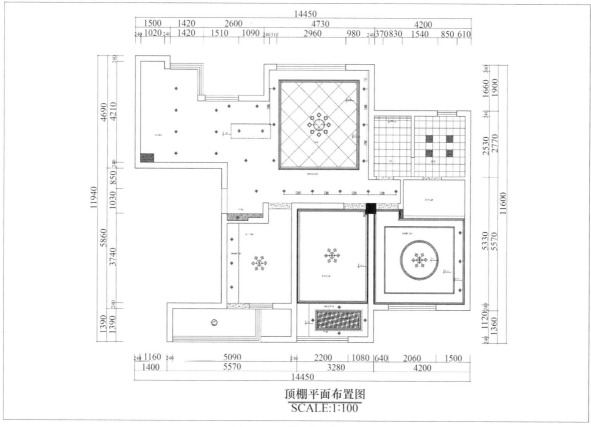

顶棚平面布置图
SCALE:1:100

图 1-67　顶棚平面布置图

①标注轴线间距尺寸与墙、柱、门、窗的位置;

②表现天棚的装饰造型、各级标高、构造做法、材料与尺寸;

③有关附属设施(空调系统的封口、消防系统的烟感报警装置)的外露件规格和定位尺寸等。

(3)室内立面图。

室内立面图表达室内每一个功能区域空间中四个方位的立面装饰效果,包括家具的造型和布局、室内装饰材料的运用等。立面图是空间设计的细部交代,所以图纸最多,在立面图上应尽量显示室内的装修风格,色彩效果,材料的质地,开关、插座等设备的安置,墙上装饰物品的位置与造型等。

室内立面布置图(见图 1-68、图 1-69)的图示内容如下:

①表现出室内建筑主体的立、剖面的形状及基本尺寸;

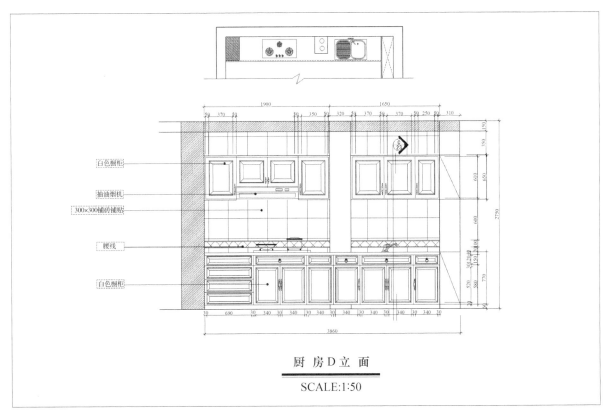

图 1-68　室内立面布置图(厨房 D 立面)

②画出墙柱面与家具的装饰造型式样与构造做法;

③标注饰面材料名称;

④画出吊顶的位置和构造情况。

3. 施工图设计阶段

1)详图与施工图设计

详图与施工图设计是装修得以进行的依据,具体指导每个工种、工序的施工,它以各展开界面、家具设施、门窗等用材造型的准确尺寸、节点、结构为设计内容。制作详图与施工图应在设计方案确定的基础上,对施工现场进行踏勘和测量,重点标明各界面造型的节点、结构,按各种装饰材料的造型特点和施工工艺给出施工图,并注明工艺流程和附注说明,为施工操作、施工管理及工程预决算提供翔实的依据。(见图 1-70～图 1-72)

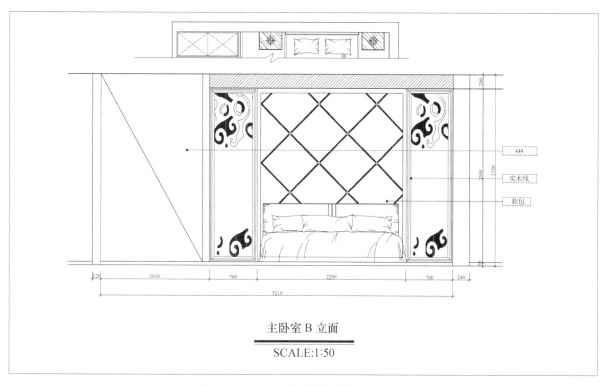

主卧室 B 立面

SCALE:1:50

图 1-69　室内立面布置图（主卧室 B 立面）

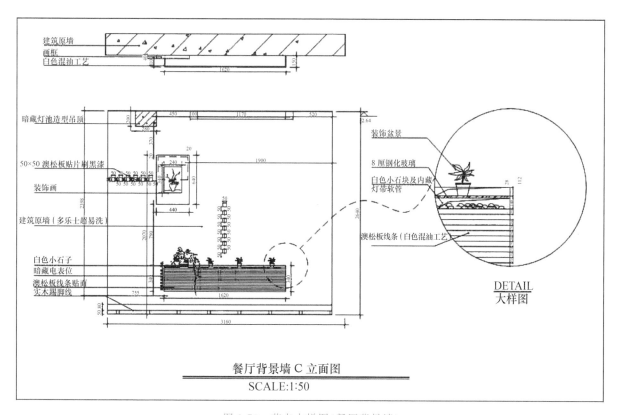

餐厅背景墙 C 立面图

SCALE:1:50

图 1-70　节点大样图（餐厅背景墙）

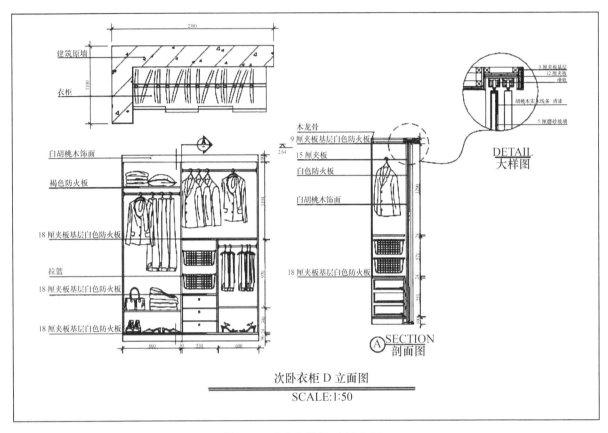

图 1-71　节点大样图(次卧衣柜)

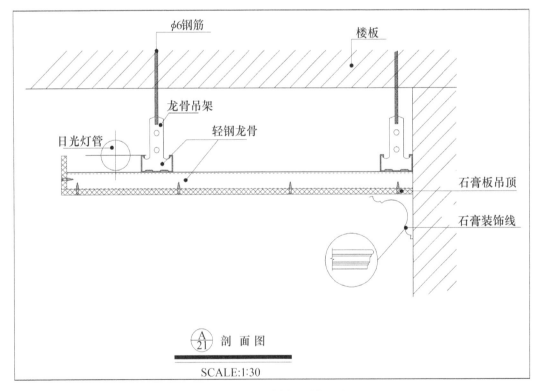

图 1-72　节点大样图(剖面图)

2)手绘效果图表现

手绘效果图是采用手绘表现技法快速绘制的室内效果图,其特点是快速、立体。利用手绘效果图介绍方案,便于与用户沟通并修改和完善方案。(见图 1-73～图 1-77)

(1)利用图纸可以把设计师构思的设计主体表现出来,并在绘制的过程中推敲设计,使方案更完善。

(2)能传达设计师的设计意图,便于设计师与施工单位或用户进行沟通。设计师想要其设计构思与用户构思相同,需要借助直观的视觉形象的帮助来反映设计内容。

(3)手绘效果图可以帮助设计师研究方案的可实施性,相对设计草图,在技术上更进一步。它是设计概念思维的深化,又是设计表现最关键的环节。

图 1-73　手绘透视图 1

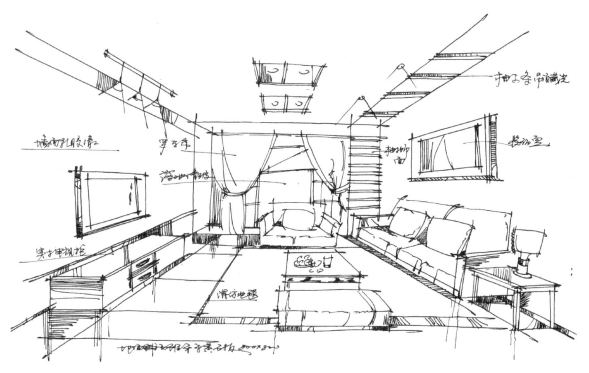

图 1-74　手绘透视图 2

图 1-75　手绘效果图 1

图 1-76　手绘效果图 2

图 1-77　手绘效果图 3

实训项目：住宅单空间快题设计

1. 实训目的

(1)掌握室内空间的特点,培养空间感。

(2)认识材料的外观特征及了解材料的使用范围。

(3)掌握色彩设计的基本要求和方法,提高学生的色彩应用和表现能力。

(4)熟悉采光照明的基本知识,加强对照明方式、照明效果的理解。

(5)熟悉家具与陈设的类型和特点,为家具、陈设的设计、选用与布置奠定基础。

2. 实训要求

(1)了解室内设计的程序,掌握室内设计的设计要素,培养学生的设计理念。

(2)对室内设计的功能划分、尺度要求和设计风格有一定的认识。

(3)培养学生对同类、不同类型空间的设计审美能力。

3. 实训指导

1)写出材料与家具市场考察报告

考察报告包含的内容:考察时间、考察地点、考察方式、考察内容和考察体会。

根据考察报告分析现状和发展趋势。

2)某空间方案草图设计

进行空间平面设计,对空间进行调整与再创造,表现空间类型划分和家具的布局。

进行空间天棚平面设计,对室内天棚装饰材料合理运用,掌握室内天棚光环境设计的方法。

进行空间立面设计,进行室内装饰材料的合理运用,掌握室内色彩设计的要求与方法,掌握室内家具与陈设的内容和设计方法并合理选用与配置。

手绘色彩效果图,不少于一幅,要求透视正确,室内界面材料的色彩、质感及家具、绿化、陈设等表现准确、生动,室内环境气氛、空间尺度、比例关系等表达准确、恰当。

Shinei Sheji Xiangmushi Jiaoxue Jichu Jiaocheng

项目二

家居空间设计

第一单元
家居空间设计的基本理念

> **教 学 方 式**

多媒体教学。

> **目 的 与 要 求**

通过讲述与案例分析,理解并掌握家居空间设计的概念和设计原则,了解家居空间的设计程序与要求。

> **知 识 与 技 能**

掌握家居空间设计的概念和设计原则,了解家居空间的设计程序并能灵活运用。

> **教 学 过 程**

理论讲述→案例分析与讨论→课题实训→指导作业→讲评与小结。

> **实 训 课 题**

分组讨论并记录各种家居空间室内的尺寸数据;

讨论家居空间室内设计的配色方式,并收集、整理、分析优秀案例;

收集整理各类家具、陈设等资料。

1.1 家居空间设计的概念

家居空间设计是在建筑原有户型、面积、走向、结构等空间基础上的再创造。

居室的物质和精神功能应为舒适方便、温馨恬静,并以符合住户和使用者的意愿,适应使用特点和个性要求为依据,对设计者要求能以多风格、多层次、有情趣、有个性的设计方案来满足不同住宅类别(如多层工业厂房,高层公寓,独立、并列并联式住宅,别墅等)、不同居住标准和不同住户经济投入对多种类型、多种风格的室内居住环境的要求。

1.2 家居空间设计的原则

家居空间设计不仅与美学相关,而且与人的实际需求息息相关,应从更广泛的角度去研究和解决人的各种需求。家居空间的设计应符合以下原则。

1. 应基于客户的基本情况进行设计

客户有着不同的性格和喜好,其生活方式和生活习惯也存在差异,这些因素使家居空间设计体现出不同的个性特点。

设计者对居室的室内设计要考虑下述因素：家庭人口构成（人数、成员关系、年龄、性别等）；民族和地区的传统、特点和宗教信仰；职业特点和工作性质，如宜动、宜静、室内、室外、业余爱好、生活方式、个性特征和生活习惯、经济水平和消费投向的分配情况及对设计风格的认可等。要从这些基本情况找出明确的设计方向，切合客户的意愿进行设计。

2. 合理地安排功能分区，使用功能布局合理

合理的功能布局是家居空间装饰与美化的前提，将空间按不同功能要求进行分类并加以组合、划分，按主次、内外、动静关系合理安排各家居空间，做到公私分离、动静分离、食寝分离。明确各分区的功能要求，根据使用需求安排交通流线，通过交通流线来组织各功能空间，使家居空间格局紧凑、联系紧密。

住宅的室内环境，由于空间的结构划分已经确定，在界面处理、家具设置、装饰布置之前，除了厨房和浴厕，由于有固定安装的管道和设施，它们的位置已经确定之外，其余房间的使用功能，或者一个房间内功能地位的划分，需要以住宅内部使用的方便合理作为依据。

住宅的基本功能不外乎睡眠、休息、饮食、盥洗、家庭团聚、会客、视听、娱乐及学习、工作等。这些功能相对地又有静动、私密或外向等不同特点。例如，睡眠、学习要求静，睡眠又有私密性的要求，满足这些功能的房间或位置，应尽可能安排在里边一些，设在"尽端"，宜不被室内活动穿通；又如，团聚、会客等活动相对闹一些，会客又以对外联系方便较好，这些房间活动部位应靠近门厅、门内走道等。此外，厨房应紧靠餐厅，卧室与浴厕贴近，这样使用时较为方便。

3. 风格造型通盘构思

构思、立意，可以说是室内设计的"灵魂"。室内设计通盘构思，是指在动手设计之前，需要从总体上根据家庭的职业特点、艺术爱好、人口组成、经济条件和家中业余活动的主要内容等进行通盘考虑。例如，是富有时代气息的现代风格，还是显示文化内涵的传统风格；是返璞归真的自然风格，还是既具有历史延续性，又有人情味的后现代风格；是中式的，还是西式的。当然也可以根据业主的喜好，不拘一格，融中西于一体采用混合的艺术风格和造型特征，无论哪种都需要事先通盘考虑，即所谓"意在笔先"。先有了一个总的设想，然后再着手地面、墙面、天棚怎样装饰，买什么样式的家具、灯具、窗帘、床罩等宅内织物和装饰小品。

4. 色彩、材质协调和谐

家居空间的基本功能布局确定，又有了一个在造型和艺术风格上的整体构思，然后就需要从整体构思出发，设计或选用室内地面、墙面和天棚等各个界面的色彩和材质，确定家具和室内纺织品的色彩和材质。

色彩是人们在室内环境中最为敏感的视觉感受，因此根据主体构思，确定住宅室内环境的主色调至为重要。例如，是选用暖色调还是冷色调，是对比色还是调和色，是高明度还是低明度等。

家居空间色彩，可以根据总的构思要求确定主色调，考虑不同色彩的配置和调配。例如，选用高明度、低彩度、中间偏冷或中间偏暖的色调或以黑、白、灰为基调的无彩体系，局部配以高彩度的小件摆设或沙发靠垫等。

家居空间各界面及家具、陈设等材质的选用，也要具有满足使用功能和人们身心感受的要求。在家庭居室内，木、棉、麻、藤、竹等天然材料再适当配置室内绿化，容易形成亲切自然的室内环境气氛，而适量的玻璃、金属和高分子类材料，更能显示时代气息。

5. 突出重点，利用空间

家居室内尽管空间不大，但从功能合理、使用方便、视觉愉悦及节省投资等几方面综合考虑，仍然需要突出装饰和投资的重点。近入口的门斗、门厅或走道尽管面积不大，但常给人们留下第一印象，也是回家后首先接触的室内空间，宜适当从视角和选材方面予以细致设计。起居室是家庭团聚、会客等使用最为频繁、内外接触较多的房间，也是家庭活动的中心，室内地面、墙面、顶面各界面的色彩和选材，均应重点推敲。

1.3　家居空间设计的要点

家居空间按功能不同分为玄关、客厅、餐厅、卧室、厨房、卫浴、书房等区域，根据人们的活动特点又分为公共活动区域、私密活动区域和家务活动区域。例如，客厅、餐厅、娱乐室、阳台等属于公共活动区域，卧室、书房、卫浴间属于私密活动区域。分析各功能区域的空间设计要求，这是家居空间设计构思的第一步。

1. 入口玄关

入口玄关即家居空间进门处，从功能上分析，此处需要有一个由户外进入户内后的过渡空间，具有空间的遮挡作用，同时还具有装饰性和收纳性功能，它作为家居空间给人第一印象，因此要精心设计，称之为"脸面设计"。

1）入口玄关的功能

入口玄关一般具有隔断性、装饰性和收纳性三种功能。

隔断性功能是指对内部空间的遮挡，起到视觉缓冲的作用，形成心理上和视觉上的过渡，避免客人一进门就对整个空间一览无余。

装饰性功能是指入口玄关应是整体设计构思的集中体现，作为第一印象的发生地，具有整体设计风格的代表性。

收纳性功能是指入口玄关应具有衣帽、雨具、鞋等小件物品的存放功能。

2）入口玄关的设计要点

入口玄关可以综合运用多种元素来体现不同的设计风格，照明设计应大方，有足够的照明度，在保证照明度的同时使空间富有层次，也可放置一些陈设小品和绿化盆景等，使进门后的环境给人留下良好的第一印象，地面材质以易清洁、耐磨的瓷砖为宜。（见图 2-1）

图 2-1　简洁大方的门厅

2. 客厅

客厅是家人团聚、起居、休息、会客、娱乐、视听活动等多种功能于一体的居室。根据家庭的面积标准，有时兼有用餐、工作、学习，甚至局部设置兼具坐卧功能的家具等，因此客厅是家居空间中使用活动最为集中、使用频率最高的核心室内空间，在住宅室内造型风格、环境氛围方面也常起到主导的作用，同时还起着联系各个空间的交通枢纽作用。

1）客厅的功能

客厅的平面功能布局，基本上可以分为：一组配置茶几和沙发的谈话、会客、视听和休闲的活动功能，联系各房间的交通功能，应尽可能使视听、休闲活动区不被穿通，根据住宅的总体面积，有时客厅需兼有用餐或学习等功能，则应于房间的近厨房处设置餐桌椅，学习桌椅应尽可能设置于房间的尽端或一隅，以减少干扰。

2）客厅的设计要点

客厅的整体布局应做到会客区与交通区分开，既要保持会客、视听区的完整，又要保持其他空间交通流线的流畅性。

客厅的装饰设计可以某一面墙体饰（通常是电视背景墙）作为重点装，其界面造型、线脚处理、用材用色都需要与整体构思相符，在造型风格、环境氛围方面起到主导的作用。

客厅家具的配置和选用，对住宅室内氛围的烘托起到极为重要的作用，家具从整体出发应与住宅室内风格协调统一，还可根据室内空间的特点和整体布局安排，适当设置陈设、摆件、壁饰等小品。

客厅的室内空间形状，主要是由建筑设计的空间组织、建筑形体结构、经济性等基本因素确定的，通常以矩形、方形等规则的平面形状较为常见。当住宅形体具有变化、造型富有特征，或者基地地形较为特别时，非直角、非规则，甚至多边形的平面均可能出现，这时常给客厅的室内空间带来个性与特色。低层独立式的别墅类住宅，较有可能形成较有个性的客厅空间形状。非直角或多边形的平面，适宜于面积稍大、较为宽敞的；小面积带锐角的平面，不利于室内家具的布置。当然直角规则平面的客厅，通过墙面、隔断、平顶等界面的处理，也可以在空间形状上有一定的变化。

客厅室内地面、墙面（通常是电视背景墙）、天棚等各个界面的设计，风格上需要与总体构思一致，也就是在界面造型、线脚处理、用材用色等方面都需要与整体设想相符。客厅环境氛围的塑造，空间与界面的设计，是形成室内环境氛围的前提与基础。

客厅界面的选材：地面可用条木企口地板或陶瓷地砖，墙面通常可用乳胶漆、墙纸或护壁。根据室内造型风格需要，也可以把局部墙面处理成仿石、仿砖等较为粗犷的面层，适当配以绿化，使其具有田园风格或自然风格。客厅的天棚如层高不高、房间面积不大，则一般不宜做复杂的花饰，只需于墙面交接处钉上顶角线，或者置以较为简捷的天棚线脚即可，通常天棚可喷白或刷白；对层高较高、面积宽敞的客厅，为使房间不显单调，天棚可适当加以造型处理，但仍需注意与整体氛围的协调，客厅灯具可用具有个性的吊灯，沙发座椅边可设置立灯等，光线宜明亮且富有层次。（见图2-2～图2-8）

图 2-2　中式传统风格客厅

图 2-3　现代风格客厅 1

图 2-4　现代风格客厅 2

图 2-5　现代风格客厅 3

图 2-6　新古典风格客厅 1

图 2-7　新古典风格客厅 2

图 2-8　中式文化气息浓厚的客厅

3. 餐厅

餐厅的位置应靠近厨房,餐厅可以是单独的房间,也可从客厅中以轻质隔断或家具分隔成相对独立的用餐空间。家庭餐厅宜营造亲切、淡雅的家庭用餐氛围。餐厅中除设置就餐桌椅外,还可设置餐具橱柜,从节省和充分利用空间出发,在客厅中附设餐桌椅,或者在厨房内设小型餐桌,即所谓"厨餐合一"。

1)餐厅的功能

餐厅的功能较单一,就餐区的设置宜靠近厨房,同时还要考虑物品的收纳功能。

2)餐厅的设计要点

在空间界面、材质、灯光、色彩及家具配置等方面,地面材料一般选择大理石、地砖等表面光洁、易清洁材料,最好使用明度、纯度较高的色调进行色彩处理,灯具造型宜讲究,灯光宜明亮,光色宜偏暖,对餐桌宜重点照明,营造融洽、温馨的用餐氛围。

"餐厨合一"时,可以通过一些装饰手段划分出一个相对独立的就餐区,如通过不同色彩、不同材质、不同的灯光配置,在视觉上把就餐区和客厅或厨房分开。(见图 2-9～图 2-11)

图 2-9　简欧风格餐厅

图 2-10　乡村气息浓厚的餐厅

图 2-11　中式氛围浓厚的餐厅

4. 卧室

卧室是住宅居室中最具私密性的空间。卧室应位于住宅平面布局的"尽端",宜不被穿通。卧室设计应营造一个恬静、温馨的睡眠空间。

卧室一般分为主卧室、老人卧室、儿童卧室、客人卧室等;根据使用功能,卧室分为睡眠区、更衣区、化妆区、休闲区、读写区等空间。卧室的设计重心是睡眠区,设计时应提前考虑床的造型与色调及床背景墙的设计,床的位置摆放尽量私密,避免一开门就看见床。卧室室内的家具也不宜过多;卧室各界面的用材,地面以木地板为宜,墙面可用乳胶漆、墙纸或部分用软包装饰,以烘托恬静、温馨的氛围,平顶宜简洁或设少量线脚,卧室的色彩仍宜淡雅,但色彩的明度可稍低于客厅,同时卧室中床罩、窗帘、桌布、靠垫等室内软装饰的色彩、材质、花饰也对卧室氛围的营造起很大作用。卧室的照明以柔和为主,营造宁静私密的氛围。(见图2-12～图 2-18)

图 2-12　新古典风格卧室 1

图 2-13　新古典风格卧室 2

图 2-14　新古典风格卧室 3

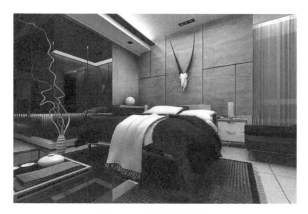

图 2-15　现代风格卧室

图 2-16　简欧风格卧室

图 2-17　儿童卧室 1　　　　　　　　　　　　图 2-18　儿童卧室 2

5.厨房

厨房不但是烹饪食物的地方,更是家人进餐、交流、劳作的地方,人们越来越注重改善厨房的工作条件和卫生条件,更加讲究多功能和使用方便。因此,现代家居设计应为厨房营造一个洁净明亮、操作方便、通风良好的环境,在视觉上也应给人以井井有条、愉悦明快的感受。厨房应有对外开的窗以直接采光与通风。

1)厨房的类型

厨房根据操作台的分布形式,一般分为一字形、二字形、L 形和 U 形等类型,如图 2-19 所示。

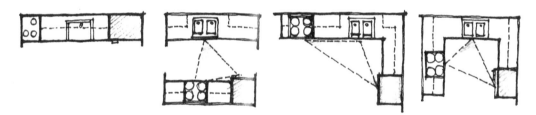

图 2-19　厨房的类型

2)厨房的设计要点

厨房主要有备餐、供餐、餐后整理、收纳等功能。厨房内的基本设施有洗涤盆、操作台、灶具、微波炉、烟机、冰箱、储物柜等。

厨房设计时,设施、用具的布置应充分考虑人体工程学中对人体尺度、动作域、操作效率、设施前后左右的顺序和上下高度的合理配置。厨房内操作的基本顺序为:洗涤→配制→烹饪→备餐,各环节之间按顺序排列,相互之间的距离在 450～600 mm 之间操作时省时方便。

厨房的操作台、储物柜等一般按照工厂化制作、现场安装的模式进行设计、实施。一般由橱柜生产或经营单位的技术人员到厨房现场量尺寸,出图后由工厂加工,然后再现场安装。

厨房的各个界面应考虑防水和易清洗,通常地面可采用陶瓷类地砖,做防滑处理,墙面用防水涂料或面砖,厨房的照明不仅是对烹饪区的照明,还要对洗涤区、备餐区、操作区照明,应注意灯具的防潮处理。在厨房的设计中还应注意水、电等管道设施的位置。(见图 2-20、图 2-21)

6.卫浴间

卫浴间是家居空间不可缺少的一部分,且同样具有较高的私密性。一个卫浴间应具备如厕、洗漱、沐浴、洗衣、化妆等功能,具体情况需根据实际的使用面积与主人的生活习惯而定。大面积住宅,常设置两个或两个以上的卫浴间。

图 2-20   "厨餐合一"的现代风格厨房

图 2-21   欧式风格厨房

1)卫浴间的类型

从布局上来讲,卫浴间大体分为综合式和间隔式两种类型。综合式布置,就是将浴室、便器、洗漱盆等都安排在同一个空间。间隔式布置一般是将浴室、便器纳入一个空间,而将洗漱空间独立出来。

2)卫浴间的设计要点

在卫浴间设计上必须做到全面考虑、合理安排,既要符合美观和实用的原则,又要充分表达出个人情趣和个性特点。

卫浴间中各界面材质应具有较好的防水性能,且易于清洁;地面防滑极为重要,常选用的地面材料为陶瓷类防滑地砖;墙面为防水涂料或陶质墙面砖;吊顶除需有防水性能外,还需考虑便于对管道的检修,宜设置排气扇。(见图 2-22~图 2-24)

图 2-22   独特照明设计的卫生间

图 2-23   形式美观、布局合理的卫生间

图 2-24   暖光营造温馨的洗浴空间

第二单元
家居空间设计案例分析

> **教 学 方 式**

多媒体教学。

> **目 的 与 要 求**

通过讲述与案例分析,理解并掌握单身公寓、三室两厅等家居空间的概念和设计原则。

> **知 识 与 技 能**

掌握单身公寓、三室两厅等家居空间的设计方法,具备各种家居空间设计的能力。

> **教 学 过 程**

理论讲述→案例分析与讨论→课题实训→指导作业→讲评与小结。

> **实 训 课 题**

掌握单身公寓、三室两厅等家居空间室内的尺寸数据;

讨论家居空间室内设计的配色方式,并收集整理优秀案例进行分析;

收集整理各类家具、陈设等资料;

进行单身公寓、三室两厅等家居空间设计。

2.1 单身公寓设计

1. 概念

单身公寓大多集中在市区繁华地段,以其便利的交通、较小的面积、合理的价格、完备的物业管理及时尚的包装理念,受到年轻购房者的追捧,成为居住体系中的一个有机组成部分。

2. 用户对象

单身公寓的用户对象主要为公司白领、新婚小家庭等为事业拼搏的年轻一族,这些人工作年限短,区域流动性大,收入较高,讲究生活品质,对时尚生活的需求强烈,并且对交通、生活设施和环境的依赖程度较高,对周边的配套设施要求比较苛刻,需要独立的个人空间。

3. 空间特征

单身公寓的面积不大,一般为 20~45 m²,一般包括一个卧室、一个厅、一个卫浴间、一个厨房和一个阳台。"麻雀虽小,五脏俱全",单身公寓兼顾了实用性和多功能组合,在基本满足日常生活的空间需求的基础上,可合理地安排多种功能活动,包括起居、娱乐、会客、储藏、学习等。

4. 设计要点

1)充分利用空间

单身公寓面积较小,既要满足人们的起居、会客、储藏、学习等多种生活需求,又要使室内不致产生杂乱感,同时又要留余地,便于主人展示自己的个性,这就需要对其进行合理安排,充分利用空间。例如,可以利用墙面、角落多设计吊柜、壁橱等家具,以节省占地面积,也可以选择多用组合柜,利用一物多用来节省空间。

2)采用灵活的空间布局

由于面积较小,单身公寓应采用灵活的空间布局,根据空间所容纳的活动特征进行分类处理,将会客、用餐等公共性活动区域布置在同一空间,而睡眠、学习等私密性活动区域纳入另一空间,同时要注意其活动区域互不干扰,可以利用硬性或软性的分隔手段区分两个区域。

3)注重扩大空间感

可以采用开放式厨房或餐厅、客厅并用等布局,在不影响使用功能的基础上,利用空间的相互渗透增加层次感和扩大空间感,利用材质、造型、色彩及家具区分空间,尽量避免绝对的空间划分,利用采光来扩充空间感,使空间变得明亮开阔,在配色上应采用明度较高的色系,最好以柔和亮丽的色彩为主调,避免造成视觉上的压迫感,使空间显得宽敞。

4)家具选择注重实用

在家具选择上要注重实用,尺寸可以小巧一点,应选择占地面积小、收纳容量大的家具,或者选用可随意组合、拆装、折叠的家具,这样既可以容纳大量物品,又不会占用过多的室内面积,为空间活动留下更大的余地。

单身公寓设计案例的图纸如图 2-25 至图 2-29 所示。

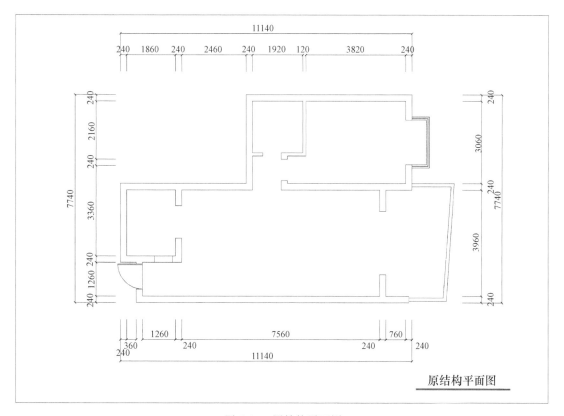

图 2-25 原结构平面图

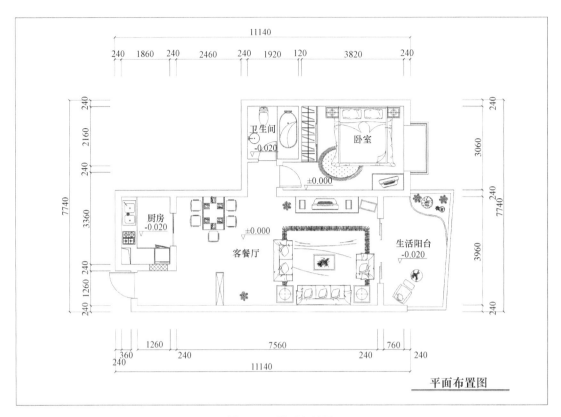

图 2-26　平面布置图

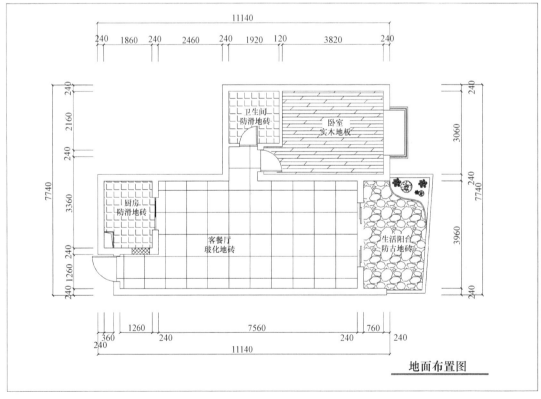

图 2-27　地面布置图

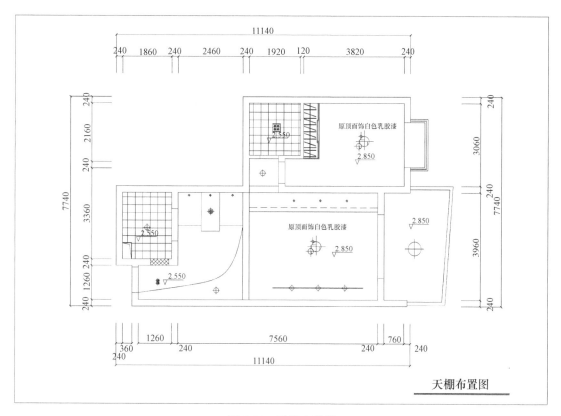

天棚布置图

图 2-28　天棚布置图

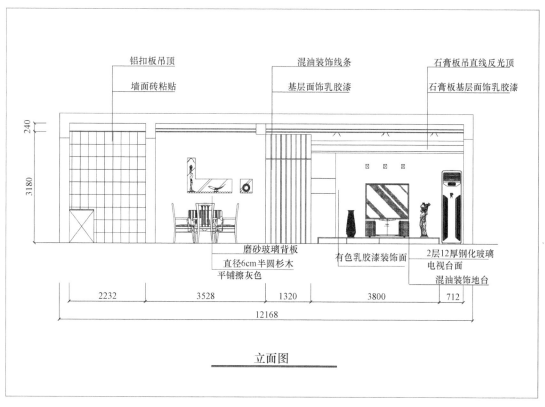

立面图

图 2-29　立面图

2.2 三室两厅住宅设计

1. 概念

三室两厅住宅是相对成熟的一种房型,是最为常见的大众房型。设计对象涵盖各种家庭,对空间的使用频率较高,三室两厅住宅具有较充裕的居住面积,在布置上可以有较理想的功能居室划分空间,功能分区明确,主客分流、动静分离。

2. 用户对象

三室两厅住宅的用户对象主要为三口之家或两代人共同生活的家庭。用户大部分有一定的经济实力或社会地位,讲究功能方便实用,家庭成员之间需要独立空间。

3. 空间特征

多居室住宅具有相对充裕的居住面积,一般为 $120 \sim 150 \ \mathrm{m^2}$,可包括两个厅、三个卧室、两个卫浴间、一个厨房、一至两个阳台,以及其他的附属用房。多居室型住宅的特点是功能分区明确,会客、娱乐、起居、休息、学习、工作等独立性强。

4. 设计要点

1)功能分区要明确合理

三室两厅住宅建筑面积充裕,在布局上可以划分各家庭成员需要的功能区域,如会客区、就餐区、收纳区、休息区等,各功能区域既相互联系,又可以保持一定的独立性。布局形式应以实用为主,根据家庭人口构成及家庭成员的生活习惯来设计。

2)风格统一,重点突出

三室两厅住宅设计应综合用户及其家庭成员的审美情趣,将造型、色彩、材质、家具、陈设等因素全盘考虑,形成统一的风格。同时应根据使用者的不同需求进行设计,突出重点。

3)着重考虑实用性

三室两厅住宅设计应繁简得当、功能齐全,一切从实用的角度出发。洗衣、洗澡、做饭、储藏等生活设施要考虑周到。其配套设施(包括水、电、取暖、通风、安防及其他设备)应考虑周到。

三室两厅住宅设计案例的图纸如图 2-30 至图 2-39 所示。

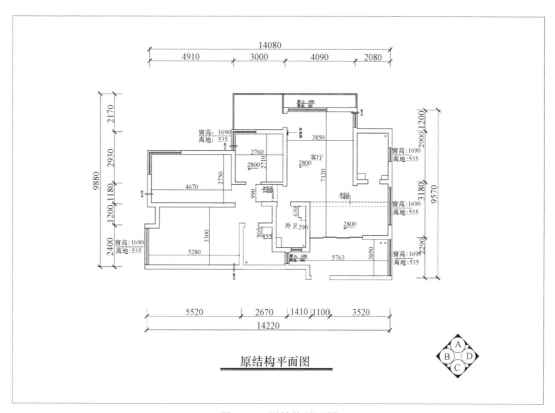

图 2-30　原结构平面图

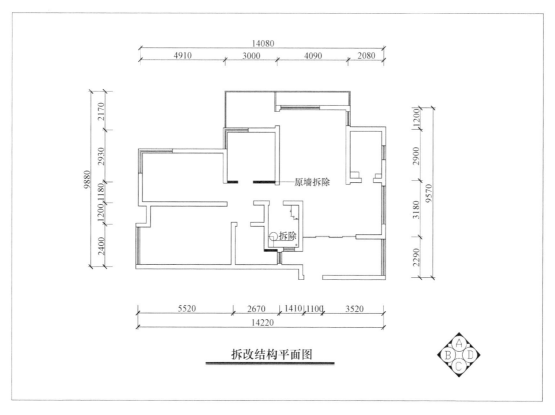

图 2-31　拆改结构平面图

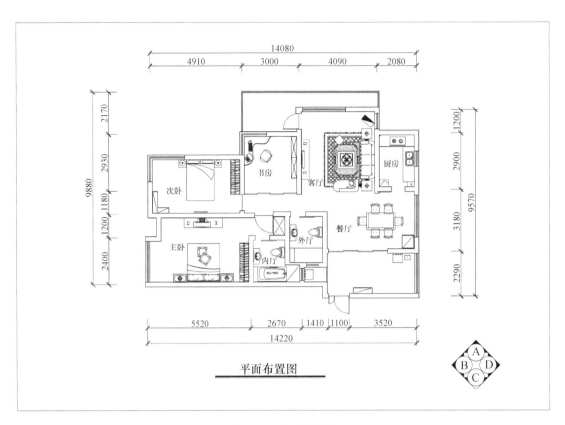

图 2-32　平面布置图

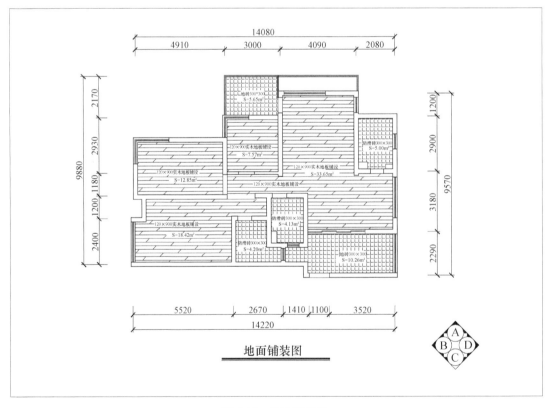

图 2-33　地面铺装图

图 2-34　天棚布置图

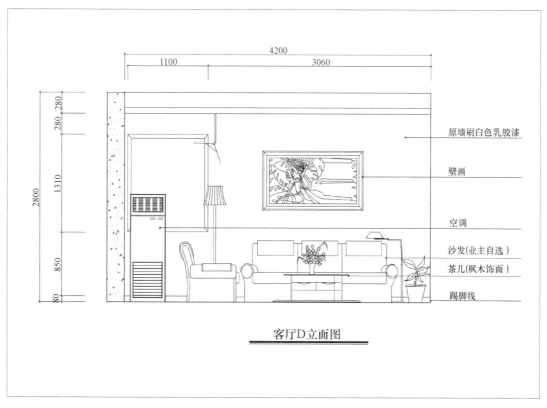

图 2-35　客厅 D 立面图

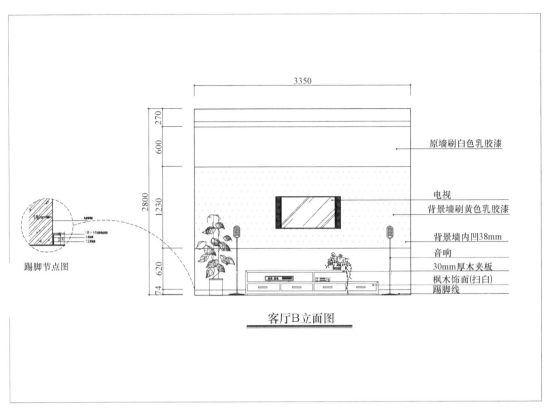

图 2-36　客厅 B 立面图

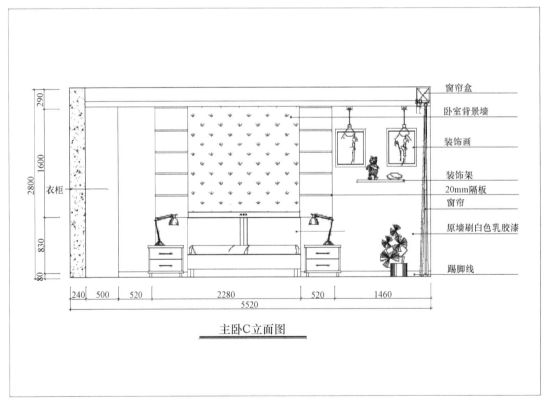

图 2-37　主卧 C 立面图

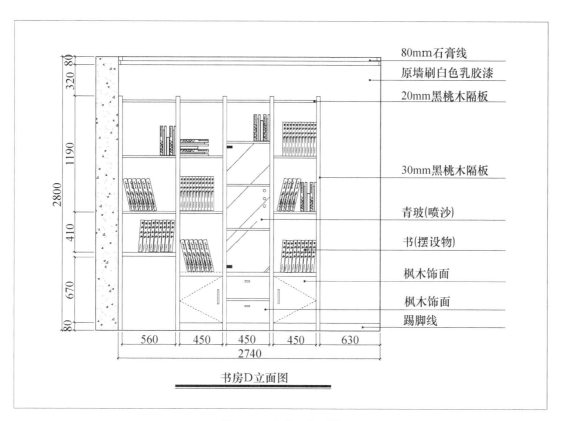

书房D立面图

图 2-38 书房 D 立面图

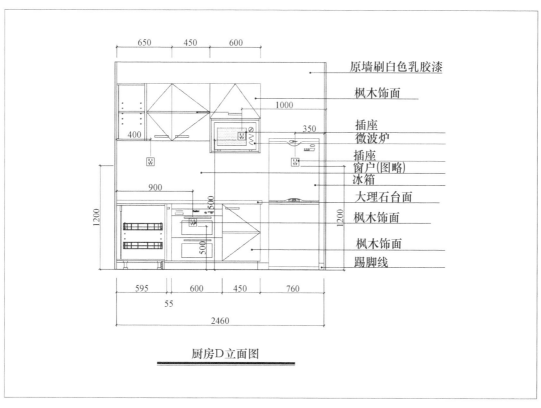

厨房D立面图

图 2-39 厨房 D 立面图

2.3 家居空间设计程序

1.设计前期准备

1)项目计划

本阶段组建项目负责小组,了解项目的大致时间及背景,确定初步项目时间计划及人员安排。

2)与用户前期沟通

本阶段应充分了解用户背景,了解用户对使用空间的使用要求(用户的使用要求将决定空间的性质,并产生相应的设计要求),了解用户的审美倾向,了解用户的投资定位,沟通功能定位及要求,从整体上把握客户要求。

3)项目现场的勘测

设计师须到现场了解情况,对场地尺寸进行测量与复核,并将实地勘测情况详细记录于原始建筑图中,仔细考察建筑结构,检查楼板或天花板是否裂缝或漏水等建筑质量方面的问题,熟悉工程施工规范条例,提出修改建议。

2.方案设计与制作

1)概念设计

项目小组进行方案设计前的设计分析与定位,初步描述概念设计方案,绘制平面布置图等设计图纸等。

(1)用户要求与现场情况分析。设计师应就方案设计前期准备收集的信息资料进行列表分析,抓住主要信息作为设计定位依据。结合用户要求和功能的内在联系分析空间功能关系,确定交通流线与空间分布。与相关专业人员分析水、电、气、暖等设施的位置、规格、走向,分析建筑结构关系、与周围建筑的关系及配套设施情况。

(2)设计风格与理念定位。经过项目小组讨论,综合所得信息,进行设计理念定位和设计风格定位,根据所得资料提出各种可行性的设计构思,并与用户进行初步交流。

2)方案修改与确定

将设计风格与理念贯穿于方案设计中,进行空间平面布局,进行功能区域的划分,对各个界面的造型、色彩、材质、风格进行整体考虑,与用户沟通绘制方案,确定方案的可行性,绘制相关效果图草案等,初步方案确定。

3)细化方案

进一步选择装饰材料和深化装饰造型,绘制方案图纸,可以用功能分区图表现空间类型划分,用活动流线图表现空间组合方式,用透视图表现空间形态,并做好色彩配置方案,与客户确定家具等设计内容,确定主要材料及设备要求。

4)绘制设计效果图和施工图

利用 AutoCAD 软件进行施工图绘制,结合 3ds Max、Photoshop 等软件进行效果图绘制。

5)施工技术交底

设计人员与施工人员进行施工图纸技术交底,阐述施工细则。

2.4 家居空间设计案例

1. 项目介绍

本案例是位于某花园小区内建筑面积为 150 m² 框架结构的三室两厅住宅。

2. 用户情况

1)用户基本情况

本案例用户为三口之家,先生为某机关单位人员,妻子为大学教师,他们有一个 10 岁的女儿。

2)用户情况分析

经了解,用户夫妻均有一定的文化修养,讲究生活品质,注重生活情调,追求宽松、休闲、简约的生活方式。

3. 实地体验

1)测量户型

进入现场,测量户型,进行详细的尺寸标注。

2)土建情况分析

通过现场勘测,对建筑图纸进行分析,该住宅为框架结构,户型布局基本合理,经过与用户讨论,对局部功能进行调整。

4. 设计构思

整体的设计构思主要是指在居住空间设计过程中要有一个明确、清晰的设计主题。这个主题包括设计师根据用户的习惯为其选择一个装饰设计风格的主调,不论是现代风格还是传统风格,首先要做好风格定位。同时,围绕设计主题所采用的材料、色彩、陈设及一切装饰手法要协调统一。有了整体的设计构思和风格定位后,设计师应采用与设计主题和风格相符合的材料、色彩、家具、陈设等去表现室内空间,所以要整体构思室内设计元素的运用。

5. 设计定位

(1)功能分析,根据用户家庭成员情况和实际生活需求,进行该案例的功能定位。

(2)形式上满足用户夫妻喜欢的现代元素的特点和时尚简约的设计风格,并体现用户的文化内涵。

(3)选择耐久、质量可靠的环保材料,聘用专业的施工队伍。

(4)考虑业主的装修费用。

6. 手绘设计方案草图

手绘设计方案草图是室内设计师心与智的表现,是设计创意从意识到形态的演化过程。手绘设计方案草图的目的是画者凭借本身的艺术素养与技术,通过不同的表现手法和风格,用自己的设计语言去阐述、表现其设计创意的效果。它比计算机所表现的程式化图纸更有感染力,能使用户与设计师达成意识上的沟通

与共鸣。(见图 2-40～图 2-56)

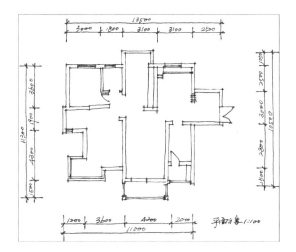

图 2-40　平面布置手绘设计方案草图 1

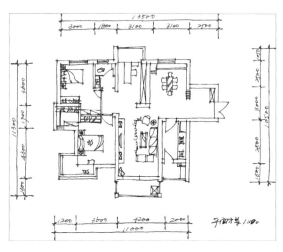

图 2-41　平面布置手绘设计方案草图 2

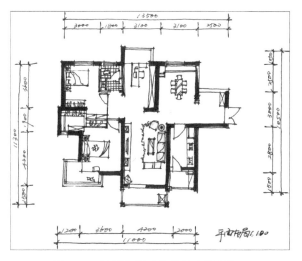

图 2-42　平面布置手绘设计方案草图 3

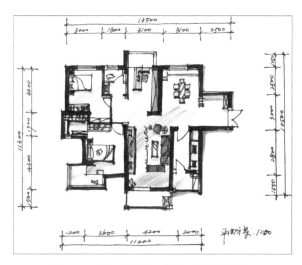

图 2-43　平面布置手绘设计方案草图 4

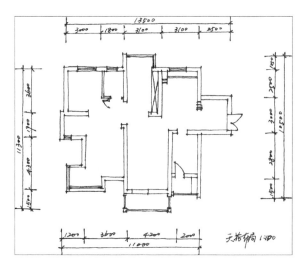

图 2-44　平面布置手绘设计方案草图 5

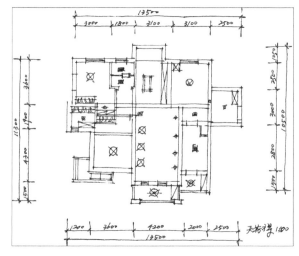

图 2-45　平面布置手绘设计方案草图 6

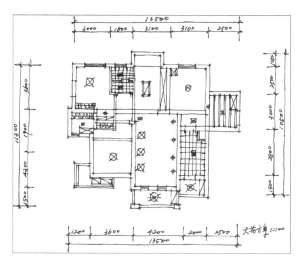

图 2-46　平面布置手绘设计方案草图 7

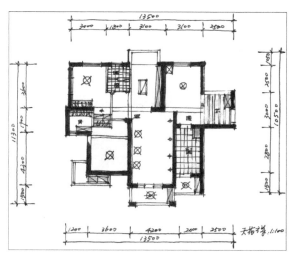

图 2-47　平面布置手绘设计方案草图 8

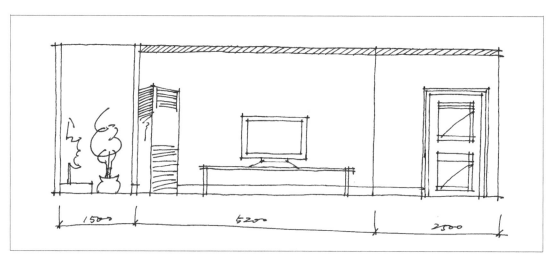

图 2-48　立体手绘设计方案草图 1

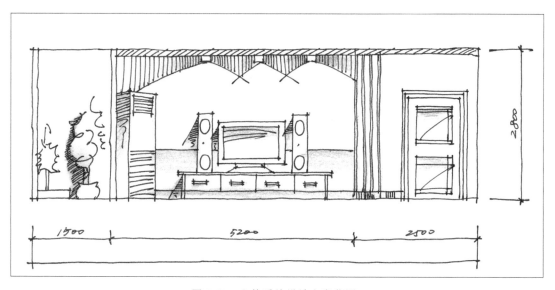

图 2-49　立体手绘设计方案草图 2

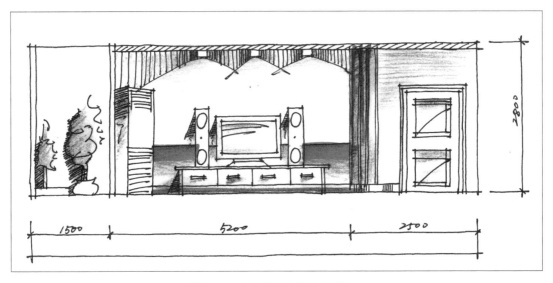

图 2-50　立体手绘设计方案草图 3

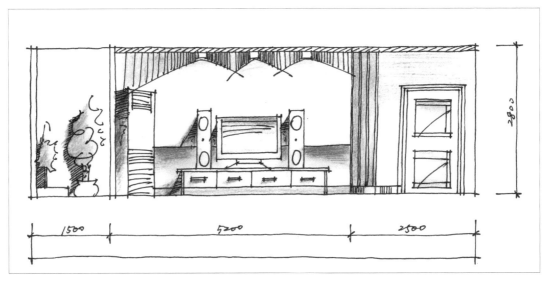

图 2-51　立体手绘设计方案草图 4

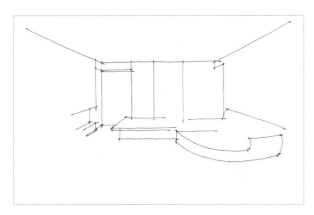

图 2-52　手绘客厅效果图 1

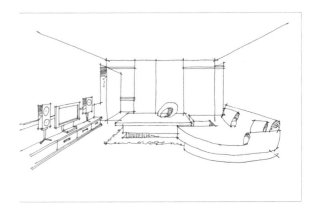

图 2-53　手绘客厅效果图 2

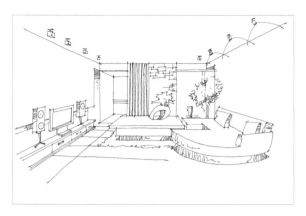

图 2-54　手绘客厅效果图 3

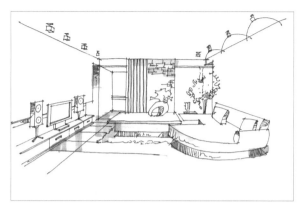

图 2-55　手绘客厅效果图 4

7. 计算机绘制设计图和效果图

方案草图得到用户的认可后,便进行方案的平面图、立面图及效果图的制作,目的是将更加准确逼真的视觉形象展现给用户,让用户能更深一步认知居住空间。

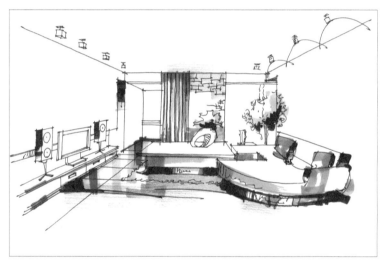

图 2-56　手绘客厅效果图 5

实训项目:家居空间课题设计实训

1. 实训目的

通过设计实际工程项目,让学生掌握住宅空间的设计与施工过程,提高全面处理室内空间功能、结构、设备、构造及艺术风格问题的能力,达到独立完成工程方案表现及技术设计图纸的能力。

2. 实训要求

(1)了解单身公寓、三室两厅等居住空间的设计程序,掌握各种居住空间的设计原则和设计理念。

(2)对单身公寓、三室两厅等居住空间的功能划分、尺度要求和设计风格有一定的认识。

(3)培养学生对同类、不同类居住空间进行对比的能力和团队协作的精神。

(4)设计中注重创新意识。

3. 实训指导

1)市场调研,写出考察报告

考察报告包含的内容:考察时间、考察地点、考察方式、考察内容和考察体会。

根据考察报告分析现状、发展趋势。

要求学生对所收集的信息进行列表分析,并抓住主要信息得出较准确的现状分析结论。

2)设计准备阶段

(1)现场勘测。

(2)拟定设计任务书(使用功能、确定面积、经营理念、风格样式和投资情况等)。

3)居住空间设计定位和设计程序

(1)概念草图设计,包括反映功能方面的草图、反映空间方面的草图、反映形式方面的草图、反映技术方面的草图。

(2)居住空间方案草图设计,进行方案的分析与比较,确定设计方案。

本阶段要求学生将设计风格和理念定位贯穿于方案设计中,初步确定设计方案。

进行居住空间平面设计。进行空间的调整与再创造,表现空间类型划分和家具的布局。

进行居住空间的天花设计。进行室内天棚装饰材料的合理运用,掌握室内天棚光环境设计的方法。

进行居住空间的立面设计。进行室内装饰材料的合理运用,掌握室内色彩设计的要求与方法,掌握室内家具与陈设的内容和设计方法并合理选用与配置。

要求将设计方案以方案图的形式表现出来:以功能分区图表现空间类型划分,以活动流线图表现空间组合方式,做好色彩配置方案。

(3)方案设计效果的表达,包括:绘制手绘效果图,透视方式及视角的选择与绘制,空间感、光影关系的表达,色彩的处理与表现,质感的表现,陈设品、植物的表现。

(4)施工图纸的制作。本阶段要求利用工程制图软件将设计施工图制作出来,在制作过程中注意调整尺度与形式,着重考虑方案的实施性:绘制平面图,绘制顶面图,绘制立面图,绘制节点大样图,绘制计算机效果图,利用 AutoCAD 软件绘制设计图纸,使用 3ds Max 软件三维建模,使用 Lightscape 软件渲染,使用 Photoshop 软件后期处理和出图,以设计说明形式表述方案。

 总结

单身公寓、三室两厅等各种居住空间设计是室内设计的主要内容,通过设计演练让学生了解各种居住空间的设计内容、设计程序及设计流程的分析方法,培养学生的设计能力、方案表达能力和绘图能力。

Shinei Sheji Xiangmushi Jiaoxue Jichu Jiaocheng

项目三
中小型公共空间设计

第一单元
公共空间的概念与类别

> **教 学 方 式**

多媒体教学。

> **目 的 与 要 求**

掌握公共空间的概念与类别,培养学生对公共空间的认识。

> **知 识 与 技 能**

掌握公共空间的概念和设计原则,了解公共空间的设计程序并能灵活运用。

> **教 学 过 程**

理论讲述→分析与讨论→课题实训→指导实训→小结。

> **实 训 课 题**

公共空间的性质调查;

分组讨论并记录公共空间的类型与认识;

收集、整理、分析公共空间优秀案例。

1.1 公共空间的基本概念

公共空间的概念,源于人类特有的人文环境形态。在这个环境里,不只是满足人的个人需求,还应满足人与人的交往对环境的各种要求。公共空间所面临的服务对象涉及不同层次、不同职业、不同民族等。因此可以说,公共空间是社会化的行为场所,公共空间设计就是最大限度地满足不同人的不同需求。

公共空间的特点在于它能为生活、娱乐、交往、文化等社会活动创造有组织的空间。不同的公共空间都有其自身的功能,公共空间的功能一般对它的空间形态和气氛的表现起作用,每个时期的公共空间的特点均反映在其空间布局和组织中,如餐饮空间、娱乐空间、商业空间等都存在各自的功能特点、风格样式和空间布局。因此,从功能的角度看,公共空间具有多元性。

公共空间又称公共领域,是介于私人领域与公共权威之间的非官方领域,是各种公众聚会场所的总称。它是指城市中,在建筑实体之间存在着的开放空间体,城市居民进行公共交往活动的开放性场所,同时,它是人类进行信息交流的重要场所,也是城市形象的重要表现。成功的公共空间以富有活力为特点,并处于不断自我完善和强化的过程中。要使空间富有活力,就必须在一个具有吸引力和安全的环境中提供人们需要的东西,即在公共空间中成功营建和应用"空间与尺度""可达性与易达性""环境质量""公共设施""公共文化活动"等要素。

1.2　公共空间的类别

根据公共空间的主题表达,公共空间可分为以下几种形式。

1. 商业空间

商业空间是与人们生活联系最紧密的空间之一,它是社会生活的重要组成部分,表现形式为商场、专卖店等。

2. 办公空间

办公空间是由办公、会议、接待、走廊、辅助等功能区域构成的内部空间,办公空间的目标是要为工作人员营造一个舒适、安全、高效的工作环境,以便最大限度地提高员工的工作效率。办公空间的设计需要考虑多方面的因素,如科学、技术、人文、艺术等,照顾员工的审美需要和空间的功能要求等。

3. 餐饮空间

餐饮空间是环境与人的行为不断冲突和不断融合的空间。餐饮空间是体现文化的一种方式。餐饮空间的形式多种多样,主要有中餐馆、西餐馆、茶楼、咖啡馆、快餐厅等。

4. 宾馆、客房空间

"宾馆"一词源于法语,指的是法国贵族在乡下招待贵宾的别墅,后来,欧美的酒店业沿用了这一名词。在我国,由于地域和习惯上的差异,有饭店、酒店、宾馆、度假村、休闲山庄等多种不同的叫法。宾馆是以建筑物为凭借,主要通过客房、餐饮、娱乐等设施,向客人提供服务的一种专门场所。

5. 文化、阅览空间

文化、阅览空间是指以群众为主体,以文化学习为目的的公共场所。其空间特点具有静谧性和宽敞性。文化、阅览空间主要有学校、培训中心、图书馆、文化馆、阅览室、新华书店、书吧等。

6. 演艺空间

经济的迅猛发展必定带来文化事业的繁荣,演艺空间也将成为一种常见的空间类型,并呈多元化的形式。演艺空间主要有电影院、戏剧院、歌舞厅、音乐厅等。

7. 展示空间

展示艺术是以科学技术和艺术为设计手段,并利用现代媒体对展示环境进行系统的策划、创意及实施的过程。展示设计是一种人为环境的创造,空间规划就成为展示艺术中的核心要素,展示空间的设计实质上是有关信息传播的环境设计,其表现形式有橱窗设计、会展设计等。

实训项目：公共空间市场考察

1. 实训目的

了解公共空间设计的基本理论知识,初步掌握公共空间设计前期的市场调查方法。让学生了解公共空间分类的主要依据,培养学生对已有公共空间本质的认识;了解各类公共空间的空间组成和功能界定的方式;掌握各类公共空间设计要素的运用。

2. 实训要求

(1)了解公共空间类型。

(2)对公共空间的功能划分、尺度要求和各类型设计风格有一定的认识。

(3)培养学生的团队协作精神。

3. 实训指导

1)市场考察前期准备

对学生进行分组,列出需要考察的具体的公共空间类型、各类空间考察的具体的项目等。

2)项目现场的研究

在地域条件具备的情况下,设计师应对项目现场进行实地勘察,勘察的内容包括建筑环境的各个方面,并将实地勘察的情况客观详细地记录于原始建筑图中。

(1)记录外部环境,便于划分内部空间时考虑朝向、光照、通风和景观因素。

(2)仔细考察建筑的结构。

(3)检查天花板是否裂缝、门窗的开关是否顺畅等建筑质量方面的问题,做好记录。

(4)记录空间内部的梁柱所在位置,承重墙与非承重墙的位置,水、电、气、暖等设施的规格、位置和走向等。

(5)对一些梁、柱等结构设施进行现场装饰处理的构思。

第二单元
小型商业空间——专卖店设计

> **教 学 方 式**

多媒体教学。

> **目 的 与 要 求**

掌握专卖店设计要点和设计原则。

> **知 识 与 技 能**

能进行各类型专卖店门面、橱窗设计。

〉教 学 过 程

理论讲述→分析与讨论→课题实训→指导实训→小结。

〉实 训 课 题

专卖店空间的性质调查；

分组讨论并记录各专卖店空间类型与风格；

收集整理优秀案例分析。

2.1 专卖店设计的基本理念

1. 专卖店设计的内容

(1)门面、招牌——商店给人的第一视觉就是门面,门面的装饰直接显示商店的名称、行业、经营特色、档次,是招揽顾客的重要手段,同时也是市容的一部分。

(2)橱窗——吸引顾客,指导购物,艺术形象展示。

(3)商品展示——POP 展示。

(4)货柜——地柜、背柜、展示柜。

(5)商场货柜布置——尽量扩大营业面积,预留宽敞的人流线路。

(6)柱子的处理——淡化柱子的形象,或者结合柱子做陈列销售点。

(7)营业环境处理——天棚、墙面、地面、照明、色彩。

(8)陈列方式——集中陈列、静态陈列。

2. 专卖店设计的原则

专卖店设计应考虑以下几个因素。

(1)分析经营管理条件、风格和顾客结构。

(2)建筑条件分析——梁柱结构、平面空间。

(3)分析店面室内功能系统。

①顾客系统——门面、招牌、橱窗、陈列展示设计以及门厅、出入口、楼梯、休息间和卫生间。

②销售系统——货柜、货架、收银台、营业环境,用于创造理想的购物环境。

③商业系统——仓库、进出仓通道、上架前储存设施。

④管理系统——经理、财务、业务、供销室和车库。

⑤内部员工系统——员工休息室和更衣室。

3. 专卖店室内环境的设计原则

营造激发顾客购物欲望的店面整体营销氛围,是专卖店室内环境设计的基本原则。

(1)商品的展示和陈列应根据种类分布的合理性、规律性、方便性和营销策略进行总体布局设计,以有利于商品的促销行为,创造为顾客所接受的舒适、愉悦的购物环境。

(2)根据商店的经营性质、理念、商品的属性、档次和地域特征,以及顾客群的特点,确定室内环境设计的风格和价值取向。

（3）具有诱人的入口、空间动线和吸引人的橱窗、招牌，以形成整体统一的视觉传递系统，并运用个性鲜明的照明和形、材、色等形式，准确诠释商品，营造良好的商场环境氛围，激发顾客的购物欲望。

（4）购物空间不能给人拘束感，不要有干预性，要制造出购物者有充分自由挑选商品的空间气氛。在空间处理上要做到宽敞通畅，让人看得到、做得到、摸得到。

（5）设施、设备完善，符合人体工程学原理，防火区明确，安全通道及出入口通畅，消防标识规范。

（6）创新意识突出，能展现整体设计中的个性化特点。

4. 店面空间功能组织

1）商品的分类与分区

商品的分类与分区是空间设计的基础，合理的布局与搭配可以更好地组织人流、活跃整个空间、增加各种商品售出的可能性。

按照不同功能将店面分成不同的区域，可以避免零乱的感觉，增强空间的条理性。在一个零乱的空间中，顾客会因陈列过多或分区混乱而感到疲劳，造成购买的可能性降低。

2）购物动线的组织

商业空间的组织是以顾客购买的行为规律和程序为基础展开的，即吸引→进店→浏览→购物→浏览→出店。顾客购物的逻辑过程直接影响空间的整个购物动线构成关系，而动线的设计又直接反馈于顾客购物行为和消费关系。为了更好地规范顾客的购物行为和消费关系，从购物动线的进程、停留、曲直、转折、主次等设置视觉引导的功能与形象符号，以此限定空间的展示和营销关系，也是促成商场基本功能得以实现的基础。空间中的流线组织和视觉引导是通过柜架陈列、橱窗、展示台的划分来实现的。天、地、墙等界面的形、材、色处理与配置及绿化、照明、标志等要素的构成，可以诱导顾客的视线，激发他们的购物意愿。

3）柜架布置的基本形式

柜架布置是商场室内空间组织的主要手段之一，重要的有以下几种形式。

（1）顺墙式——柜台、货架及设备顺墙排列。此方式售货柜台较长，有利于减少售货员，节省人力。

（2）岛屿式——营业空间呈岛屿分布，中央设货架，柜台周边长、商品多，便于观赏、选购，顾客流动灵活，感觉美观。

（3）斜角式——柜台、货架及设备与营业厅柱网成斜角布置，多采用45°斜向布置，这样能使室内视距拉长，造成更深远的视觉效果，既有变化又有明显的规律性。

（4）自由式——柜台、货架随人流走向和人流密度变化，灵活布置，使厅内气氛活泼轻松。将大厅巧妙地分隔成若干个既联系方便又相对独立的经营部，并用轻质隔断将其自由地分隔成不同功能、不同大小、不同形状的空间，使空间既有变化又不杂乱。

（5）隔绝式——用柜台将顾客与营业员隔开的方式。商品需通过营业员转交给顾客。此为传统式，便于营业员对商品的管理，但不利于顾客挑选商品。

（6）开敞式——将商品展放在售货现场的柜架上，允许顾客直接挑选商品，营业员的工作场地与顾客活动场地完全交织在一起。

5. 店面环境的形象塑造

店面地面、墙面和天棚是主要界面，其处理应从整体出发，烘托氛围，突出商品，形成良好的购物环境。

店面的地面——地面应考虑防滑、耐磨、易清洁等因素，并减少无谓的高差，保持地面通畅、简洁。为满足地面耐磨要求，常以同质地砖或花岗石等地面材料铺砌。

店面的墙面——基本上被货架、货柜等物品遮挡，一般只需用乳胶漆等涂料涂刷或施以喷涂处理即可，局部墙面可做重点特殊处理,营业厅中的独立柱面往往在顾客的最佳视觉范围内,因此柱面通常是塑造室内整体风格的基本点,需重点装饰。

店面的天棚——除入口等处结合厅内设计风格可做一定的造型处理外,天棚应以简洁为主。

店面照明除了需要有一定的照度来吸引和招揽顾客,更需要考虑店面照明的光色、灯具造型等方面具有的装饰艺术效果,以烘托商业购物氛围,诱发人们购物的意愿,一般以天棚整体照明结合橱窗、货柜局部照明做照明设计。(见图 3-1)

图 3-1　Cartier 专卖店

2.2　店面造型设计

店面造型从商业建筑的性格来看,应具有识别与诱导的特征,既能与商业街区的环境整体相协调,又具有视觉外观上的个性,既能满足立面入口、橱窗、照明等功能布局的合理要求,又在造型设计上具有商业文化和建筑文脉的内涵。不同商店的行业特性和经营特色均能在店面造型设计中有所体现。

例如,外部造型相对封闭,立面用材精致高雅,以小面积高照度的橱窗和窄小的入口来体现珠宝首饰店商品的珍稀贵重。

又如,立面外形通透明亮,以大面积落地玻璃橱窗展示新潮服饰,同时,透过橱窗呈现店内开架的各款衣着,显示服装专卖店的个性。(见图 3-2、图 3-3)

店面的造型设计具体需要从以下几个方面来考虑。

1. 立面划分的比例尺度

商店立面雨篷上下、墙面雨檐部等各部分的横向划分,或者是垂直窗、墙面间的竖向划分,都应注意划分后各部分之间的比例关系和相对尺度。

2. 墙面与门窗的虚实对比

商店立面的墙面实体与入口、橱窗或玻璃幕墙之间的虚实对比,常能产生强烈的视觉效果。

图 3-2　丰富的橱窗背景对单一的服饰起了较好的衬托作用

图 3-3　白色的背景与红色的服饰形成强烈的视觉冲击效果

3. 色彩、材质的合理配置

商店立面的色彩常给人们留下深刻的印象,结合商店销售商品的类别,巧妙地选择立面的色彩和材质,能起到很好的视觉效果。一些具有较大规模的专卖店、连锁店,常以特定的色彩与标志,给顾客传递明确的信息。

2.3　橱窗设计

橱窗是商业建筑形象的重要标志,商店通过橱窗展示商品,体现经营特色。橱窗又能起到室内外视觉环境沟通的"窗口"作用,能让新商品迅速和消费者见面并起到导卖作用,同时也是一种商店气氛的宣扬。

1. 橱窗的特征

橱窗展示作为一种诉诸视觉感官的广告形式,其特征同看板、招贴等形式一样,都是用具体的图形和形象来传达的。但不同之处在于,橱窗展示不是平面化的符号和图案形象,而是立体化的形象,即通过实实在在的商品在三维的空间里来进行传达,因此它可谓是一种最直接、最有效的广告形式。橱窗具备以下几个突出特征。

1)实物性

橱窗展示是直接通过商品来诉求广告效应的,因此能更容易地吸引顾客的注意力。用商品来宣传商品,用实物来说明商品的特性,比抽象的概念或图形符号更具说服力。消费者通过自己眼睛的识别,能主动地判断和选择自己钟情的东西,并且对购买行为更充满自信。

2)立体性

橱窗展示是在三维空间里立体化地传达商品信息。立体化展示的特征在于人们可以通过远近、上下、左右的视线挪动来浏览展示空间,通过角度和位置的变化,全方位地观看和感觉商品,从而可以对商品有更深入细致的了解。

3)艺术性

橱窗展示是通过诉诸美感的形式来呈现的。无论商品本身的形状、色彩、质地如何美妙,如果没有好的展示形式,也很难给消费者完美的视觉感受。因此,橱窗的商品陈列通过对商品自身特性的认识和了解,通过组合、配置、构图的形式研究,并借助背景、展具、装饰物及适合的广告主题创造了一种和谐统一、真实感人的气氛,因此,其艺术感染力是不言而喻的。

4)科学性

现代橱窗展示就是运用新的观念和技术手段,对商品市场供求情况、消费者需求做认真细致的调查研究,获得可靠的市场信息,制订销售计划和展示计划,最后推出对应于市场需求和消费者欢迎的商品。

2. 橱窗的陈列方式

1)场景式

场景式:以某个情节或剧情构成场景,将商品吸纳为主角。(见图 3-4)

图 3-4　场景式橱窗背景

2)专题式

专题式:以某种商品或与其有关的专题为主题进行陈列,也可以节庆为题。(见图3-5)

图 3-5　专题式橱窗背景

3)系列式

系列式:以某一类商品的序列为展示对象,也可以是同一企业的或品牌的产品。(见图3-6)

4)综合式

综合式:若干种商品混合陈列的方式。

3. 橱窗设计常用的手法

1)外凸或内凹的空间变化

在商店立面空间允许的前提下,橱窗可向外凸,并可将橱窗塑造成一定的形体。当商店的入口后退时,可将橱窗连同入口一起内凹,这种适当让出空间"以退为进"的手法,常能起到引导顾客进店的作用,如图3-7所示。

图 3-6　系列式橱窗背景

图 3-7　内凹橱窗

2)封闭或开敞的内壁处理

根据商店对商品展示的需要,可以把橱窗后部的内壁做成封闭的(仅设置可进入布置商品展示的小门),也可以把后壁做成敞开的或半敞开的,这时整个店内铺面陈列的商品能通过橱窗展现在行人面前。
(见图 3-8、图 3-9)

图 3-8　封闭的橱窗内壁

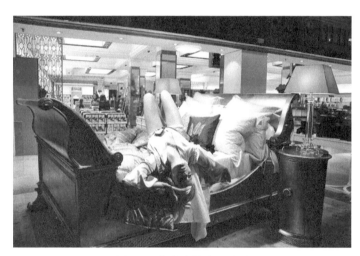

图 3-9　店堂内的商品展示

3)橱窗与标志及店面小品的结合

结合店面设计构思,橱窗可以与商店店面的标志、文字和反映商店经营特色的小品相结合,以显示商店的个性。

4. 橱窗设计要点

(1)橱窗陈列空间的设计应根据商品的特点来决定陈列的形式,展示形式应准确表达商品的特性。

(2)注重橱窗陈设的灵活性、季节性、时尚性和促销性。

(3)考虑防晒和产生眩光。为避免产生眩光,可以将橱窗内部的光线设置得比外部强,或是通过设置倾斜的橱窗来达到效果。

2.4　服饰专卖店设计案例分析

某服饰专卖店设计案例如图 3-10~图 3-17 所示。

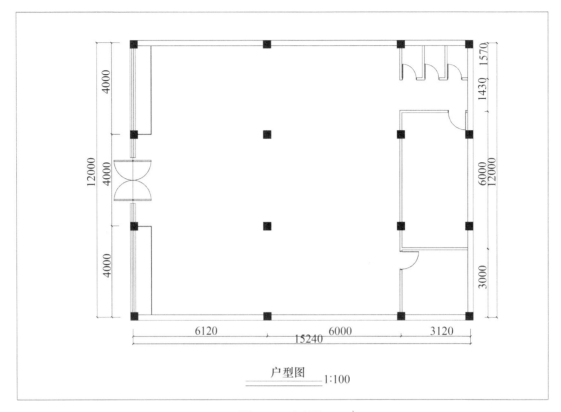

户型图 1:100

图 3-10　户型图

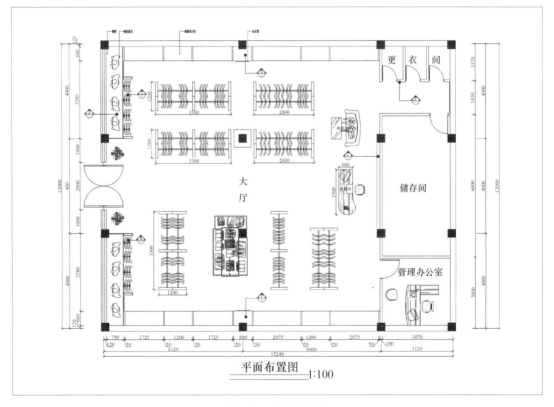

平面布置图 1:100

图 3-11　平面布置图

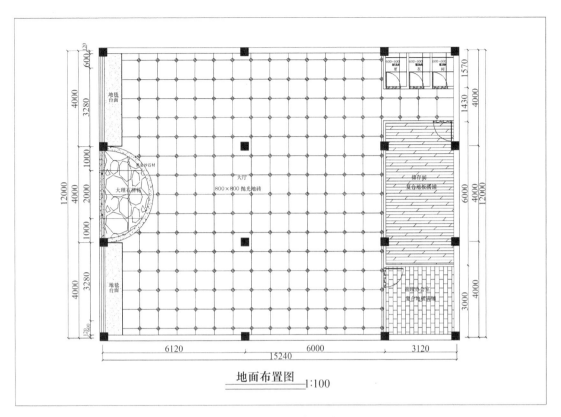

图 3-12　地面布置图

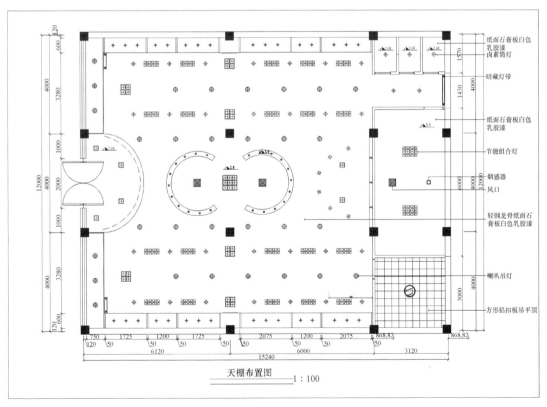

图 3-13　天棚布置图

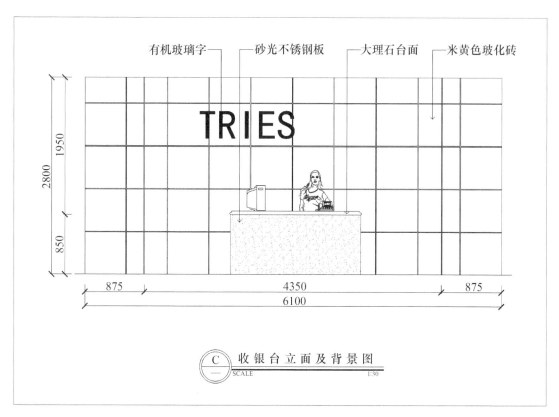

图 3-14　收银台立面及背景图

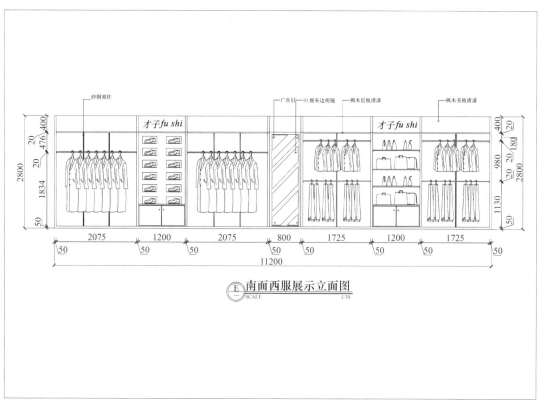

图 3-15　南面西服展示立面图

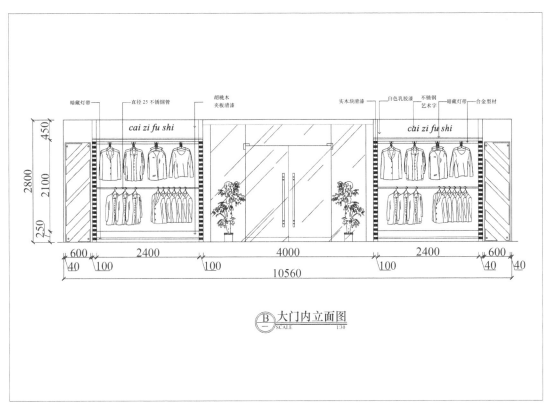

图 3-16　大门内立面图

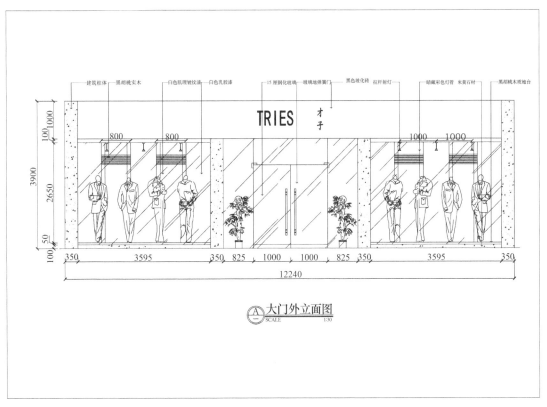

图 3-17　大门外立面图

第三单元
办公空间室内设计

> **教 学 方 式**

多媒体教学。

> **目 的 与 要 求**

掌握办公空间设计要点和设计原则。

> **知 识 与 技 能**

能进行各类型办公空间设计。

> **教 学 过 程**

理论讲述→分析与讨论→课题实训→指导实训→小结。

> **实 训 课 题**

办公空间的性质调查；

分组讨论并记录各办公空间类型与风格；

收集、整理、分析办公空间优秀设计案例和办公家具、陈设等资料。

3.1 办公空间设计理念

1. 办公空间的类型

(1)行政性办公——各级机关、团体、事业单位,各类企业的办公楼。

(2)专业性办公——各类设计机构、科研部门、商业、贸易、金融等行业的办公楼。

(3)综合性办公——同时具有商场、金融、餐饮、娱乐、公寓及办公室综合设施的办公楼。

2. 办公空间的功能分类

办公建筑各类房间按其功能性质分,房间的组成一般如下。

1)办公用房

办公建筑室内空间的平面布局形式取决于办公楼本身的使用特点、管理体制、结构形式等;办公室的类型可有小单间办公室、大空间办公室、单元型办公室、公寓型办公室、景观办公室等。此外,绘图室、主管室或经理室也可属于具有专业或专用性质的办公用房。

2)公共用房

公共用房是指为办公楼内外人际交往或内部人员会聚、展示等用房,如会客室、接待室、各类会议室、阅览展示厅、多功能厅等。

3)服务用房

服务用房是指为办公楼提供资料、信息的收集、编制、交流、储存等用房,如资料室、档案室、文印室、晒图室等。

4)附属设施用房

附属设施用房是指为办公楼工作人员提供生活及环境设施服务的用房,如开水间、卫生间、电脑交换机房、交配电间、空调机房、锅炉房及员工餐厅等。

3. 办公室内环境的设计原则与要点

1)办公室内环境的设计原则

办公室内环境的总体设计原则是突出现代、高效、简洁与人文化的特点,体现自动化,并使办公环境整合统一。

一个经过整合的人性化办公室,所具备的要素不外乎自动化设备、办公家具、环境、技术、信息和人性等六点。只有这六点要素齐全,才能塑造出很好的办公空间。通过"整合",可以把很多因素合理化、系统化地进行组合,达到所需要的效果。

在办公室内环境设计中,设计师要对现代化的电脑、电传、会议设备等科技设施有基本的了解,因为如果设计师在设计办公室时,只重视外在表现的美,而忽略了实用功能,那么就会使办公环境丧失意义。

2)办公室环境空间布局的总体要求

(1)掌握工作流程关系及功能空间的需求。

办公室是由既相互关联又具有一定独立性的功能空间所构成的,而办公单位的性质不同又会带来功能空间的设置不同,这就要求设计师在构想前要充分调查了解该办公环境的工作流程关系及功能空间的需求和设置规律,掌握这些有利于设计的因地制宜及目标的确立。

(2)确定各类用房的大致布局和面积分配比例。

设计师需要根据办公室空间的使用性质、建筑规模和相关标准来确定各类用房的大致布局和面积分配比例,既要从现实需要出发,又要适当考虑功能设施等在日后变化时进行调整的可能性。

(3)确定出入口和主通道的大致位置和关系。

一般来说,对外联系较为密切的部分靠近出入口或主通道,不同功能的出入口尽可能单独设置,以免相互干扰。

(4)考虑便于安全疏散和便于通行的设计。

(5)把握空间尺度。

设计师需要根据人体尺度,把握合理的空间尺度,只有这样,构思时才能得心应手。

(6)深入了解设备和家具的运用。

3)办公室空间的其他设计要点

(1)环境因素。

(2)现代化科技的发展与应用。

(3)信息、文件的处理。

(4)人性、文化、传统等因素。

(5)企业形象的展示。

4. 办公室空间分类设计方法

1)开放式办公空间

开放式办公室设计应体现方便、舒适、亲情、明快、简洁等特点,门厅入口应有形象的符号、展墙及具有接待功能的设施。(见图 3-18)

图 3-18　开放式办公空间

图 3-19　单元型办公空间

2)单元型办公空间

单元型办公空间是指在写字楼的租赁某层或某一部分作为单位的办公室。写字楼中一般有餐厅、商店等服务用房供公共使用。通常单元型办公室内部空间分隔为接待室、办公区、展示区等空间,还可根据需要设置会议室、卫生间等。(见图 3-19)

3)公寓型办公空间

公寓型办公空间也称商住楼,其除有办公功能外,还具有洗漱、就寝、用餐等使用功能。

4)会议空间

会议室是办公功能环境的组成部分,它兼有接待、交流、洽谈及会务等用途,其设计应根据已有空间大小、尺度关系和使用容量等来确定。(见图 3-20、图 3-21)

5)经理办公空间

经理是单位高层管理的统称,而经理办公室则是经理处理日常事务、会见下属、接待来宾和交流的重要场所,同时它也能从侧面较为集中地反映机构或企业的形象和经营者的修养。经理办公室的设计应追求领域性、稳定性、文化性和实力性。(见图 3-22～图 3-24)

6)其他办公空间

在设计时应根据具体企事业单位的性质和其他所需,给予相应的功能空间设置及设计构想定位。这直接关系设计思路是否正确、价值取向是否合理等根本问题。设计师应把握住由办公性质所引导的空间内在秩序、风格趋向和样式的一致性与形象的流畅性,以创造一个既具共性特征又具个性品质的办公环境。

图 3-20　会议空间 1

图 3-21　会议空间 2

图 3-22　经理办公空间 1

图 3-23　经理办公空间 2

图 3-24　经理办公空间 3

3.2 办公空间设计要点

1. 办公室室内界面处理

办公室室内界面的处理,应考虑管线铺设,连接与维修的方便,选用不易积灰、易于清洁、能防止静电的底、侧界面材料。

办公室室内界面的总体环境色调宜淡雅,如中间略偏冷的淡灰绿、中间略偏暖的淡米色等。为使室内色彩不显得过于单调,可在挡板、家具的面料选材上适当考虑色彩明度与彩度的配置。(见图3-25)

1)底界面

办公室的底界面应考虑行走时减少噪声,管线铺设与电话、电脑等的连接问题。

底界面可为水泥粉光地面上铺优质塑胶类地毯或水泥地面上铺实木地板,也可以面层铺橡胶底的块毯,将扁平的电缆线放于其下。智能型办公室或管线铺设要求较高的办公室,应于水泥地面上设架空木地板,使管线的铺设、维修和调整均较方便。

图3-25 符合设计要求的办公空间设计

2)侧界面

办公室的侧界面处于室内视觉感受较为显要的位置,其造型和色彩等方面的处理应以淡雅为宜,有利于营造合适的办公氛围。

3)顶界面

办公室顶界面应质轻并且有一定的光反射和吸声功能。

顶界面设计中,必须与空调、消防、照明等有关设施工种密切配合,尽可能使平顶上部各类管线协调配置,在空间高度和平面布置上排列有序。

2. 办公空间照明

办公空间的照明主要由自然光源与人造光源组成。自然光源的引入与办公室的开窗有直接关系,窗的大小及自然光的强度和角度会对心理与视觉产生很大的影响。一般来说,窗越开敞,自然光的漫射度就越大,但是过强的自然光会让办公室产生刺激感,不利于办公,所以现代办公空间的设计,既要有开敞式窗户以满足人们对自然光的心理要求,又要进行使光线柔和的窗帘装饰设计,使光线舒适。

(1)在组织照明时应将办公室天棚的亮度调整到适中程度,不可过于明亮,以半间接照明方式为宜。

(2)办公空间的工作时间主要是白天,白天有大量的自然光从窗口照射进来,因此,办公室的照明设计应该考虑与自然光相互补充而形成合理的光环境。

(3)在设计时,要充分考虑办公空间的墙面色彩、材质和空间朝向等问题,以确定照明的照度和光色。光的设计与室内三大界面的装饰材料有着密切关系:如果墙体与天棚的装饰材料是吸光性材料,则应当提高光的照度;如果室内界面装饰用的是反射性材料,应适当降低光照度,以使光环境更为舒适。

3. 办公空间环境的发展趋势

1）办公场所多样化

现在的办公场所越来越多样化,现代化办公环境的地点,除了传统的中心商务区外,开始表现出"田园氛围"。

2）办公室人性化

"人性"是办公环境的塑造点和本源,也是未来社会发展和设计的追求。

3）办公环境景观化

景观化的办公环境强调工作人员与组团成员之间的紧密联系与沟通方便,它具有在大空间中形成相对独立的小空间景观和休闲气氛的特点,宜于创造感情和谐的人际关系和工作关系。

4）办公环境智能化

智能化的办公环境是现代企事业单位共同追求的目标,也是办公空间设计的发展方向。现代智能化办公环境具有以下两个基本条件。

(1)具有先进的通信系统,即具有数字专用交换机及内外通信系统,以便安全快捷地提供通信服务,先进的通信网络是智能型办公场所的神经系统。

(2)办公自动化系统,即与自动化理念相结合的"OA 办公家具",其组成内容有多功能电话、工作站或终端个人计算机等,通过无纸化、自动化的交换技术和计算机网络促成各项工作及业务的开展与运行。

3.3　办公空间设计案例分析

某办公空间设计案例如图 3-26～图 3-42 所示。

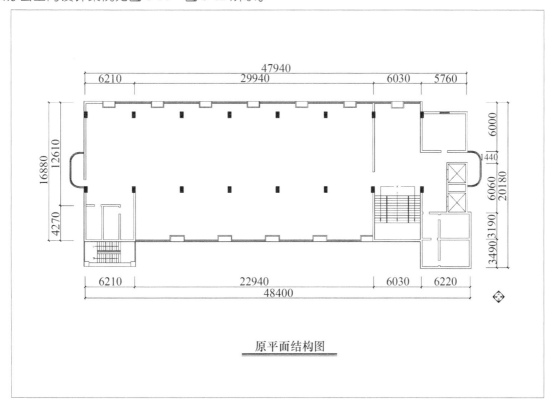

图 3-26　原平面结构图

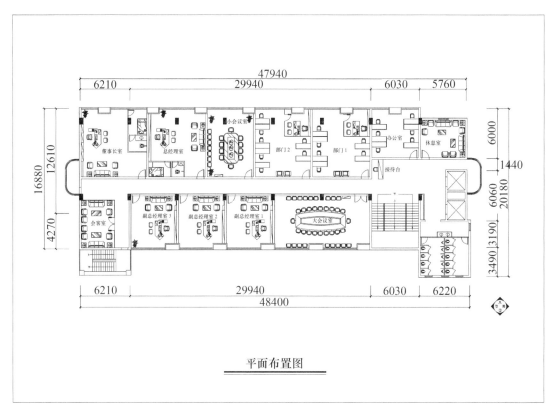

平面布置图

图 3-27 平面布置图

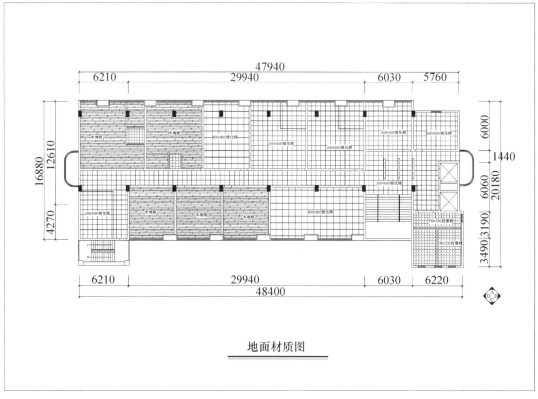

地面材质图

图 3-28 地面材质图

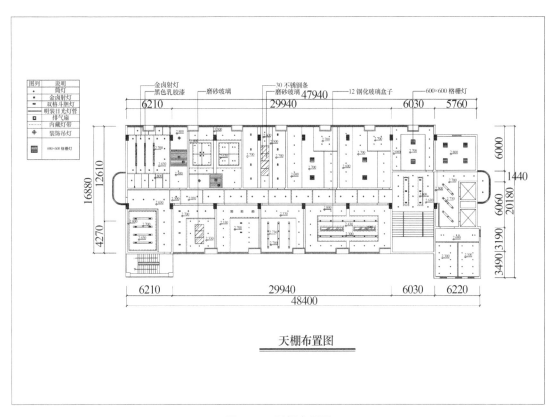

天棚布置图

图 3-29　天棚布置图

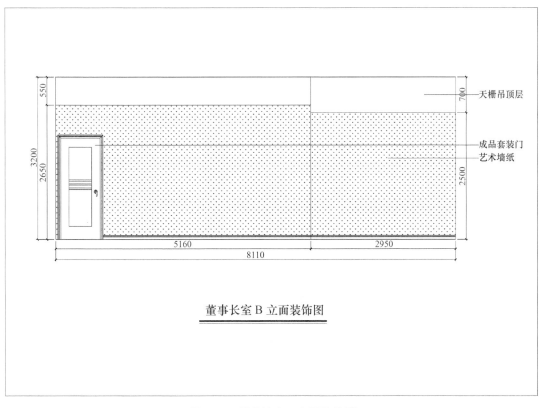

董事长室 B 立面装饰图

图 3-30　董事长室 B 立面装饰图

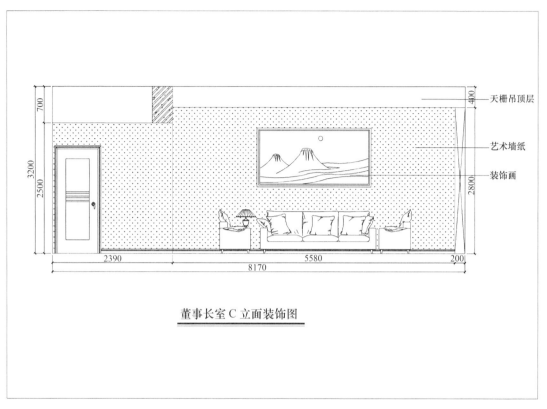

图 3-31　董事长室 C 立面装饰图

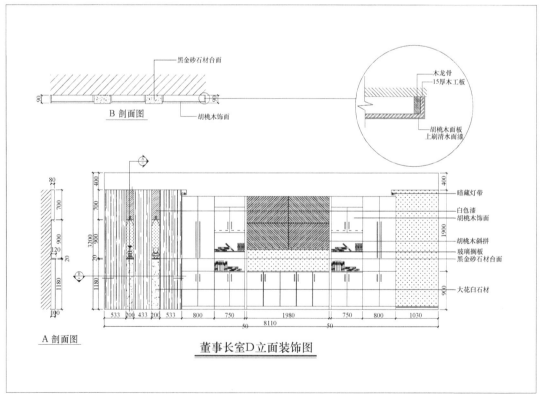

图 3-32　董事长室 D 立面装饰图

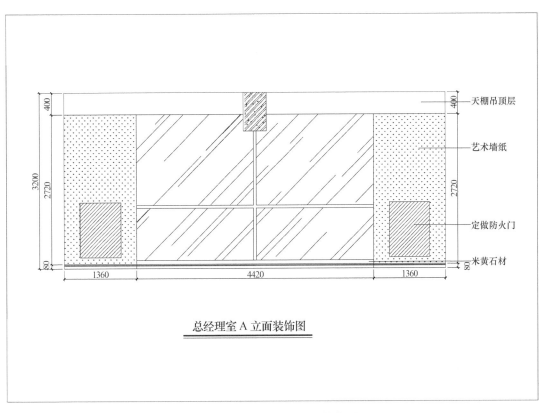

图 3-33　总经理室 A 立面装饰图

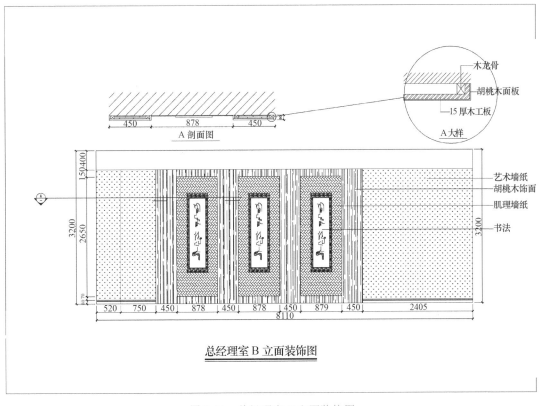

图 3-34　总经理室 B 立面装饰图

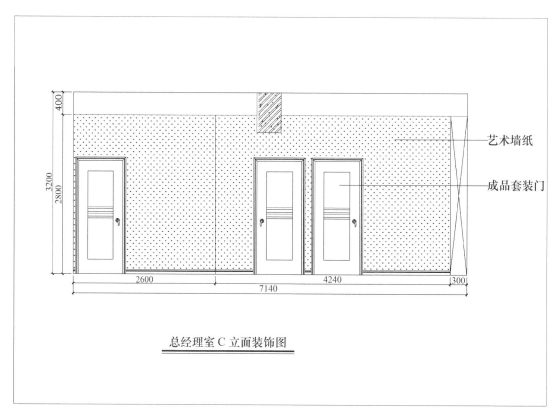

图 3-35　总经理室 C 立面装饰图

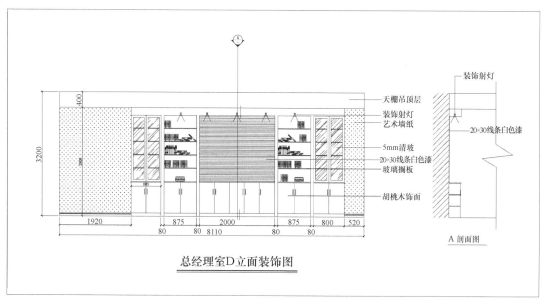

图 3-36　总经理室 D 立面装饰图

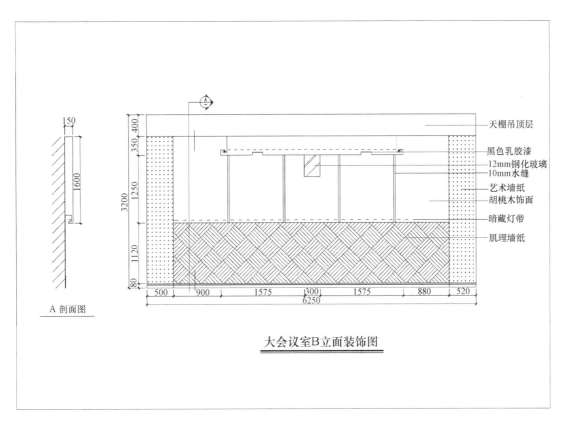

图 3-37　大会议室 B 立面装饰图

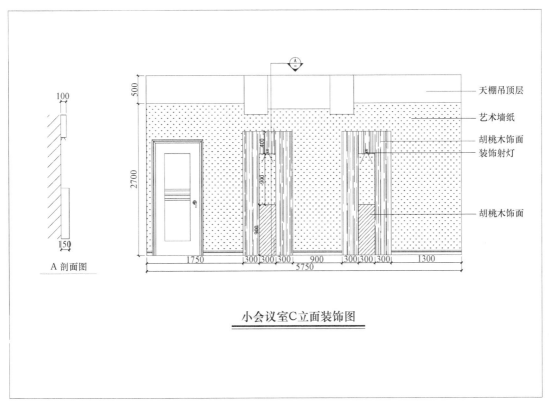

图 3-38　小会议室 C 立面装饰图

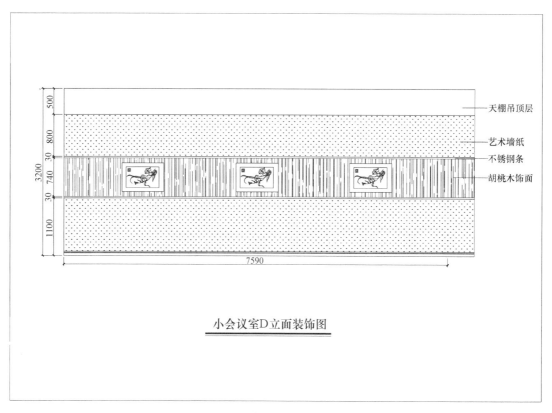

小会议室D立面装饰图

图 3-39　小会议室 D 立面装饰图

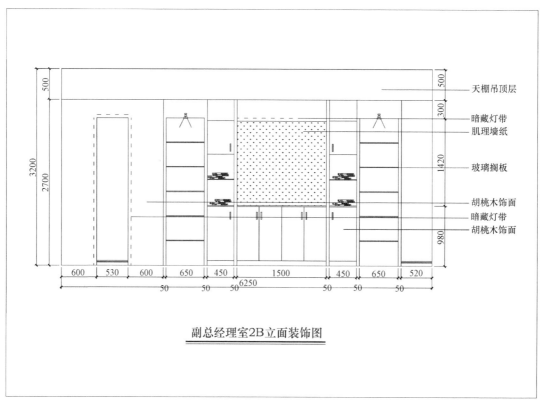

副总经理室2B立面装饰图

图 3-40　副总经理室 2B 立面装饰图

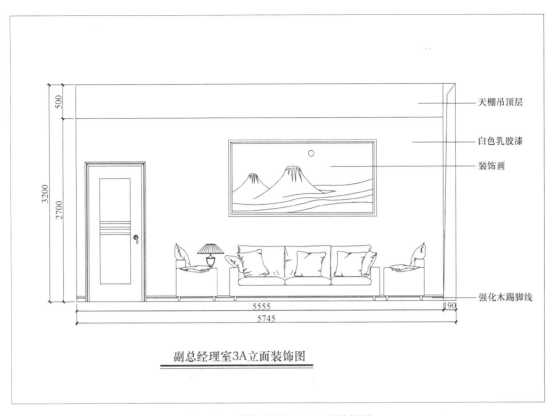

天棚吊顶层

白色乳胶漆

装饰画

强化木踢脚线

副总经理室3A立面装饰图

图 3-41　副总经理室 3A 立面装饰图

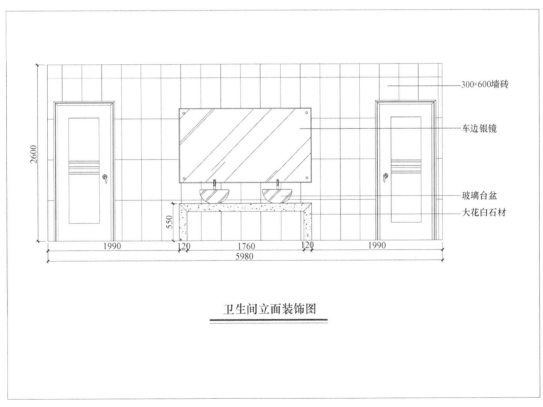

300×600墙砖

车边银镜

玻璃台盆

大花白石材

卫生间立面装饰图

图 3-42　卫生间立面装饰图

第四单元
餐饮空间室内设计

> **教 学 方 式**

多媒体教学。

> **目 的 与 要 求**

掌握餐饮空间设计要点。

> **知 识 与 技 能**

能进行各类型餐饮空间设计。

> **教 学 过 程**

理论讲述→分析与讨论→课题实训→指导实训→小结。

> **实 训 课 题**

餐饮空间的性质调查;

分组讨论并记录各餐饮空间的类型与风格;

收集、整理、分析餐饮空间优秀案例和餐饮家具、陈设等资料。

"民以食为天",饮食是人类生存需要解决的首要问题。在社会多元化渗透的今天,饮食的内容已非常丰富,人们对就餐内容的选择包含对就餐环境的选择。因此,营造吻合人们观念变化所要求的就餐环境,是室内设计把握时代脉搏和饭店营销成功的根基。

4.1 餐饮空间设计理念

1. 餐饮设施的布局和面积指标

餐饮环境是餐厅、宴会厅、咖啡厅、酒吧及厨房的总称,其中餐厅包括中餐厅、西餐厅、风味餐厅、自助餐厅。中餐厅又可分为粤菜餐厅、川菜餐厅、鲁菜餐厅、淮扬菜餐厅等特色餐厅。

1)餐饮设施的布局

(1)在裙房或主楼低层设小餐厅和宴会厅。这是多数饭店采用的布局形式,其功能连贯、内聚。

(2)主楼顶层设观光型餐厅。此种布局(包括旋转餐厅)特别受旅游者喜爱。

(3)休闲餐厅。此种布局(包括咖啡厅、酒吧)比较自由灵活,一般布置在大堂一隅或中庭一侧。

2)餐饮设施的面积指标

餐厅的面积一般以 1.850 米/座计算,其中中低档餐厅约 1.50 米/座,高档餐厅约 2.00 米/座。面积指标过小会造成拥挤,面积指标过大会增加工作人员的劳作活动时间与精力。

饭店中的餐厅应大、中、小型相结合,大中型餐厅餐座总数占总餐座数的 70%～80%,小餐厅餐座总数占餐座数的 20%～30%。影响面积的因素有饭店的等级、餐厅等级、餐座形式等。饭店中餐饮部分的规模以面积和用餐座位数为设计指标,因饭店的性质、等级和经营方式而异。饭店的等级越高,餐饮面积指标越大,反之则越小。

3)餐饮设施的常用尺寸

餐厅服务走道的最小宽度为 900 mm,通路最小宽度为 250 mm。

餐桌最小宽度为 700 mm,四人方桌为 900 mm×900 mm,四人长桌为 1 200 mm×750 mm,六人长桌为 1 500 mm×750 mm,八人长桌为 2 300 mm×750 mm。

圆桌最小直径:1 人桌为 750 mm,2 人桌为 850 mm,4 人桌为 1 050 mm,6 人桌为 1 200 mm,8 人桌为 1 500 mm。

餐桌高为 720 mm,餐椅座面高为 440～450 mm。

吧台固定凳高为 750 mm,吧台桌面高为 1 050 mm,服务台桌面高为 900 mm,搁脚板高为 250 mm。

2. 餐饮环境室内设计原则

1)餐饮环境功能分区的原则

(1)总体布局时,把入口、前室作为第一空间序列,把大厅、包房雅间作为第二空间序列,把卫生间、厨房及库房作为最后一组空间序列,使其流线清晰,功能上划分明确,减少相互之间的干扰。

(2)餐饮空间分隔及桌椅组合形式应多样化,以满足不同顾客的要求。同时,空间分隔应有利于保持不同餐区、餐位之间的私密性且不受干扰。

(3)应该遮挡餐厅与厨房之间的视线,厨房及配餐室的声音和照明不能影响到客人的座席处。

2)餐饮环境动线设计的原则

(1)餐厅的通道设计应该流畅、便利、安全。尽可能方便客人。尽量避免顾客动线与服务动线发生冲突,避免重叠,发生矛盾时,应遵循先满足客人的原则。

(2)通道时刻保持通畅。服务路线不宜过长(最长不超过 40 m),尽量避免穿越其他用餐空间。大型多功能厅或宴会厅可设置备餐廊。

(3)适宜采用直线。避免迂回绕道,产生人流混乱的感觉,影响或干扰顾客进餐的情绪和食欲。

(4)员工动线讲究高效率。员工动线对工作效率有直接影响,原则上应该越短越好,而且同一方向通道的动线不能太集中,去除不必要的阻隔和曲折。

3. 餐饮环境设计的其他要点

(1)中、西餐厅或具有地域文化的风味餐厅应有相应的风格特点和主题营造。餐饮空间内装修和陈设整体统一,菜单、窗帘、桌布和餐具及室内空间的设计必须互相协调、富有个性或具有鲜明的风格。

(2)选择不黏附污物、容易清扫的装饰材料,地面要耐污、耐磨、防滑并且走动脚步声较轻。

(3)应有足够的绿化布置空间,良好的通风、采光和声学设计。

(4)有防逆光措施,当外墙玻璃窗有自然光进入室内时,不能产生逆光或眩光的感觉。

4.2　餐饮环境的主题营造

餐饮室内空间的主题营造,就是在室内餐饮环境中,为表达某种主题含义或突出某种要素进行的理性的设计。主题营造有助于把餐饮环境的氛围上升到完美的精神境界,有助于指导室内设计风格的形成。

1. 主题餐饮环境的特性

1)具有特定的客源市场

主题餐馆所提供的产品并不是满足大众的需要,而是针对一部分人的特殊需求而特别设计的。主题餐馆由于所选主题的高度针对性,深受特定客源的喜爱。

2)特殊的餐厅服务

除满足顾客的一般饮食需求外,主题餐馆可提供一些特殊的服务项目,突出主题、吸引宾客。例如,球迷餐厅代客购买球赛门票等。

3)经营的高风险和高利润

相对于大众化餐馆而言,主题餐馆目标消费群范围小,经营存在高风险;但如果调查充分、经营得法,主题餐馆比大众化餐馆更具有竞争力,并可带来高利润。

2. 餐饮环境主题的选择和确定

餐饮环境主题营造的表现意念十分丰富,社会风俗、风土人情、自然历史、文化传统等各方面的题材都是设计构思的源泉。餐饮环境主题的选择和确定,需要根据餐厅经营者的经营定位、区位选择和设计师对餐饮环境的灵感构思,经过充分比较、沟通与交流后,方可确定,切不可盲目确定主题,要让餐厅的艺术品位与经营效益得到充分的结合。(见图 3-43、图 3-44)

图 3-43　中式文化元素为主题的餐饮设计　　　　图 3-44　体现现代化与艺术化为主题的餐饮设计

餐饮环境主题主要有以下分类。

1)以丰富的文化内涵为主题

根据各个地区的实际情况,巧妙地对文化宝库进行开发,体现其特殊的文化内涵,如"桃园餐厅""红楼梦餐厅"等。

2)以特定的环境为主题

设置在特定的环境中,让客人在用餐过程中感受到周围特别的情调与风景,如"森林餐厅""海底餐厅"等。

3)以某种特殊的人情关系为主题

抓住某些特定人群的心理,以某种特殊的人情关系为主题,渲染特殊的餐饮气氛,如"老三届乐园""情人酒家"等。

4)以高科技手段为主题

运用高科技手段,营造新奇刺激的用餐环境,满足年轻人猎奇和追求刺激的欲望,如"科幻餐厅""太空餐厅"等。

5)以某项兴趣爱好为主题

以某项兴趣爱好和活动为主题的餐馆,容易吸引老顾客介绍志同道合的新顾客前来就餐,如"球迷餐厅""电影餐厅"等。

3. 利用空间的形状和结构营造主题

1)利用空间形状

利用矩形餐饮空间的规整、充满理性的特点,营造出一种舒适和谐的主题氛围;利用多边形、圆形餐饮空间的稳定、富有活力的特点,为空间增添动感,营造出丰富、多变的主题氛围。

2)利用建筑空间的结构形式

利用建筑空间的结构形式,如柱、梁、墙体、管道等结构形式,形成一种空间的构造关系,并与设计主题融为一体。通过形象结构的重复,把不同的因素统一起来,可以创造和谐的主题气氛,带来流畅的视觉效果及强烈的感染力。

4. 运用形态符号营造主题

餐饮空间的主题营造,常常采用某种形态符号作为设计的主题。这些形态符号可以与人们的社会文化、地域文化及企业文化相关,也可以是个人情感因素的体验。它具有概括性、象征性和典型性的特点。

1)用装饰形态符号营造主题

餐厅中装饰形态的造型常常反映出餐饮环境的某种风格特征,利用这个特点在相同的空间中可以体现出迥然不同的环境气氛。

2)用情景形态符号营造主题

室内的景观在一定条件下能使人触景生情,产生联想,例如,在餐厅内部有意识、有目的地营造自然景观,用现代材料创造出自然情趣,能让人感受自然清新的气息。

3)用照明形态营造主题

照明形态是创造餐饮环境气氛的重要手段,应最大限度地利用光的色彩、光的调子、光的层次、光的造型等的变化,构成含蓄的光影图案,创造出情感丰富的环境气氛。

4)用色彩关系营造主题

色彩在情感表达方面给人非常鲜明而直观的视觉印象。色彩对餐饮环境主题的营造,关键在于把握人们的色彩心理,让所采用的色彩引起人们的联想与回忆,从而达到触动人们情感的目的。

5)用材料与肌理营造主题

肌理是材料表面的组织构成所产生的视觉感受。餐饮环境中每种实体材料都有自身的肌理特征与性格,充分调动这种特性,可创造出新颖别致的主题效果。

4.3　各类餐饮环境的设计要点

1. 中餐厅

中餐厅在我国的饭店建设和餐饮行业中占有很重要的位置,并为中国大众乃至外国友人喜闻乐见。中式餐厅在室内空间设计中通常运用传统形式的符号进行装饰与塑造,既可以运用藻井、宫灯、斗拱、挂落、书画、传统纹样等装饰语言组织空间或界面,也可以运用我国传统园林艺术的空间划分形式,如拱桥流水、虚实相形、内外沟通等手法组织空间,以营造中华民族传统的浓郁气氛。(见图 3-45)

图 3-45　体现中国传统文化的中餐厅

中餐厅的入口处常设置餐厅的形象与符号招牌及接待台,入口宽大以便人流通畅。前室一般可设服务台和休息等候座位。餐桌的形式有 8 人桌、10 人桌、12 人桌,以方形桌或圆形桌为主,如八仙桌等。同时,设置一定量的雅间或包房。

中餐厅的装饰虽然可以借鉴传统符号,但仍然要在此基础上,寻求符号的现代化、时尚化,符合现代人的审美情趣,饱含时代的气息。

2. 宴会厅

宴会是在普通用餐的基础上发展起来的高级用餐形式,也是国际交往中常见的活动之一。宴会厅的使用功能主要是婚礼宴会、纪念宴会、新年晚会、团聚宴会乃至国宴、商务宴等。宴会厅的装饰设计应体现出庄重、热烈、高贵而丰满的品质。

为了适应不同的使用需要,宴会厅常设计成可分隔的空间,需要时可利用活动隔断分隔成几个小厅。入口处应设接待处;厅内可设固定或活动的小舞台。宴会厅的净高为:小宴会厅 2.7～3.5 m,大宴会厅 5 m 以上。宴会前厅或宴会门厅,是宴会前的活动场所,此处设衣帽间、休息椅、卫生间(兼化妆间)。宴会厅桌椅布置以圆桌、方桌为主。椅子应易于收藏。宴会厅应设储藏间,以便于桌椅布置形式的灵活变动。

当宴会厅的门厅与住宿客人用的大堂合用时,应考虑设计合适的空间形象标识,以便在门厅能够把参加宴会的来宾迅速引导至宴会厅。宴会厅的客人流线与服务流线尽量分开。(见图 3-46、图 3-47)

图 3-46　运用中国传统元素点缀的宴会厅

图 3-47　运用西方传统元素点缀的宴会厅

3. 风味餐厅

风味餐厅主要通过提供独特风味的菜品或独特烹调方法的菜品来满足顾客的需要。风味餐厅种类繁多,充分体现了饮食文化的博大精深。

风味餐厅最突出的特点是具有地方性及民族性。具体如下:

(1)风味餐厅具有明显的地域性,强调菜品的正宗、地道、纯正;

(2)风味餐厅以某一类特定风味的菜品来吸引目标顾客,餐具种类有限而简单;

(3)应根据风味餐厅的不同类型设置不同的功能区域。

风味餐厅的风格是为了满足某种民族或地方特色菜而专门设计的室内装饰风格,目的主要是让人们在品尝菜肴时,对当地民族特色、建筑文化、生活习俗等有所了解,并可亲自感受其文化的精神。

风味餐厅在设计上,从空间布局、家具陈设到装饰设计应体现与风味特色相协调的文化内涵。在表现上,要求精细与精致,整个环境的品质要与它的特别服务相协调,要创造一个情调别致、环境精致、轻松和谐的空间,让宾客在优雅的气氛中愉快用餐。

风味本身是餐饮内容和形式的一种提炼,有其自身的特殊性,因此风味餐厅注入高级品位是餐饮业走

入档次消费极端化的一种趋势。随着消费市场结构的变化和不同消费层次距离的拉大,高级品位和特殊风味的融合日益受到市场的重视。

4. 西餐厅

西餐厅在饮食业中属异域餐饮文化。西餐厅以供应西方某国特色菜肴为主,其装饰风格也与某国民族习俗一致,充分尊重其饮食习惯和就餐环境需求。(见图 3-48)

与西方近现代的室内设计风格的多样化相呼应,西餐厅室内环境的营造方法也是多样化的,大致有以下几种。

(1)欧洲古典气氛的风格营造。这种手法注重古典气氛的营造,通常运用一些欧洲建筑的典型元素,诸如拱券、铸铁花、扶壁、罗马柱、夸张的木质线条等来形成室内的欧洲古典风情。同时,还应结合现代的空间构成手法,从灯光、音响等方面来补充和润色。

(2)富有乡村气息的风格营造。这是一种田园诗般恬静、温柔、富有乡村气息的装饰风格。这种营造手法较多地保留了原始、自然的元素,使室内空间流淌着一种自然、浪漫的气氛,质朴而富有生气。

(3)前卫的高技派风格营造。如果目标顾客是青年消费群体,运用前卫而充满现代气息的设计手法最为合适。运用现代简洁的设计语言,轻快而富有时尚气息,偶尔还会流露出一种神秘莫测的气质。空间构成一目了然,各个界面平整光洁,各种灯光巧妙运用,构成室内温馨时尚的气氛。

总体来说,西餐厅的装饰特征富有异域情调,设计上要结合近现代西方的装饰特点。西餐厅的餐桌多采用两人桌、四人桌或长条形多人桌。(见图 3-49～图 3-51)

图 3-48　简洁而内涵丰富的西餐厅

图 3-49　营造虚拟空间和光影效果的西餐厅

图 3-50　以流线造型为导向的西餐厅

图 3-51　素雅整洁的西餐厅

5. 快餐厅

快餐厅是提供快速餐饮服务的餐厅。快餐起源于 20 世纪 20 年代的美国,可以认为这是把工业化概念引进餐饮业的结果。快餐厅适应了现代生活快节奏、注重营养和卫生的要求,在现代社会获得了飞速的发展,麦当劳、肯德基即为非常成功的例子。

快餐厅的规模一般不大,菜肴品种较为简单,多为大众化的中低档菜品,并且多以标准分量的形式提供。

快餐厅的室内环境设计宜简洁明快、轻松活泼。其平面布局的好坏直接影响快餐厅的服务效率,应注意区分动区与静区,在顾客自助式服务区避免出现通行不畅、互相碰撞的问题。

快餐厅应选用荧光灯,明亮的光线会加快顾客的用餐速度;快餐厅的色彩应该鲜明亮丽,诱人食欲;快餐厅的背景音乐选择轻松活泼、动感较强的乐曲。

6. 自助餐厅

自助餐厅的形式灵活、自由、随意,烹调过程充满了乐趣,顾客能参与供餐并获得心理上的满足,因此受到消费者的喜爱。

自助餐厅设有自助服务台,集中布置盘碟等餐具。陈列台分为冷食区、热食区、甜食区和饮料区、水果区等区域,以避免成品食物与半成品食物混淆。设计要充分考虑人的行动条件和行为规律,让人操作方便,并要激发消费者参与自助用餐的动机。

自助餐厅内部空间处理上应简洁明快,通透开敞。自助餐厅的通道应比其他类型餐厅的通道宽一些,便于人流及时疏散,加快食物流通和就餐速度。在布局分隔上,尽量采用开敞式或半开敞式的就餐方式,特别是自助餐厅的加工区可以开敞,营造就餐气氛。(见图 3-52)

图 3-52　自助餐厅

7. 咖啡厅、茶室

咖啡厅是提供咖啡等饮料的、半公开的交际活动场所。

咖啡厅平面布局比较简明,内部空间以通透为主,应留足够的服务通道。咖啡厅内须设热饮料准备间和洗涤间。咖啡厅常用直径为 550～600 mm 的圆桌或边长为 600～700 mm 的方桌。

咖啡厅源于西方,因此在设计形式上多追求欧式风格,充分体现其古典、醇厚的性格。现代很多咖啡厅

通过简洁的装修、淡雅的色彩、各类装饰摆设等,来增加店内的轻松、舒适感。(见图 3-53)

　　茶是被广泛饮用的饮品,种类繁多,具有保健功效,故各类茶馆、茶室成为人们休闲会友的好去处。茶室的装饰布置以突出古朴的格调、宁静致远的氛围为主。目前茶室以中式风格的装饰布置居多。(见图 3-54、图 3-55)

图 3-53　体现个性化色彩的咖啡厅

图 3-54　体现室内设计文化的茶楼

图 3-55　传统茶楼

8. 酒吧

　　酒吧是"bar"的音译词,有在饭店内经营的酒吧和独立经营的酒吧。酒吧种类很多,是人们亲密交流、沟通的社交场所,在空间处理上宜把大空间分成多个尺度较小的空间,以适应不同层次的需要。

　　酒吧在功能区域上主要有座席区(含少量站席)、吧台区、化妆室、音响区、厨房等几个部分,少量办公室和卫生间也是必要的。

　　吧台往往是酒吧空间中的组织者和视觉中心,设计上要重点考虑。吧台侧面因与人体接触,宜采用木质或软包材料,台面材料需光滑、易于清洁。

　　酒吧的装饰应突出浪漫、温馨的休闲气氛和感性空间的特征。因此,应在和谐的基础上大胆拓展思路,寻求新颖的形式。酒吧的空间处理应轻松随意,比如可以处理成异形或自由弧形空间。

　　酒吧的装饰常常带有强烈的主题性色彩,以突出某一主题为目的,个性鲜明,综合运用各种造型手段,对消费者有刺激性和吸引力,容易激起消费者的热情。酒吧通常几年便要更换装饰手法,以保证持久的吸

引力。(见图 3-56～图 3-58)

图 3-56　现代酒吧 1

图 3-57　现代酒吧 2

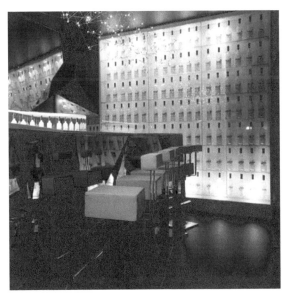

图 3-58　现代酒吧 3

9. 厨房

餐厅的厨房设计,要根据餐饮部门的种类、规模、菜谱内容,以及在建筑里的位置状况等相应设置。

厨房的流线要合理,厨房作业的流程为:采购食品材料→储藏→预先处理→烹调→配餐→餐厅上菜→回收餐具→洗涤→预备等。

厨房地面要平坦、防滑,而且容易清扫,地平留有排水坡度和足够的排水沟。适用于厨房地面的装饰材料有瓷质地砖和适用于配餐室的树脂薄板等。墙面装饰材料可以使用瓷砖和不锈钢板。为了清洗方便,厨房最好使用不锈钢材料,厨房顶棚上要安装专用排气罩、防潮防雾灯、通风设备及吊柜等。

一般根据客人座席数量来决定餐厅和厨房的大致面积,厨房面积一般是餐厅面积的 30％～40％。

4.4　餐饮空间设计案例分析

某餐饮空间设计图纸如图 3-59～图 3-70 所示。

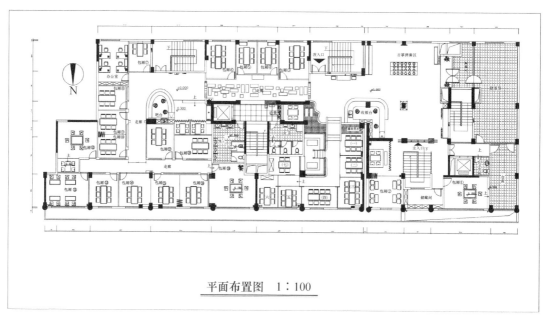

平面布置图　1∶100

图 3-59　平面布置图

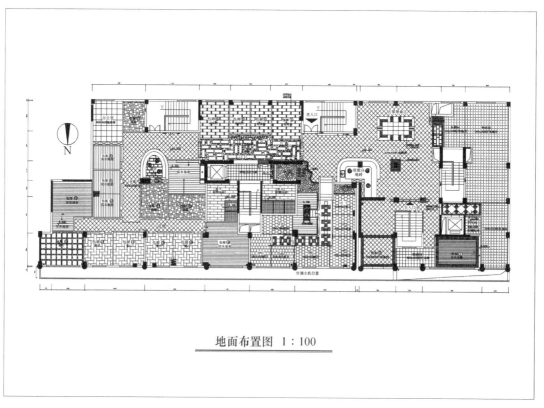

地面布置图　1∶100

图 3-60　地面布置图

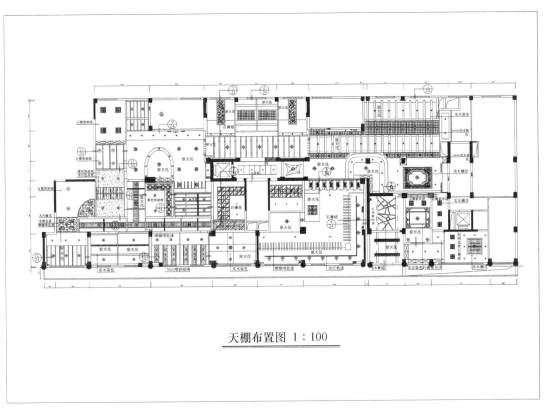

天棚布置图 1∶100

图 3-61　天棚布置图

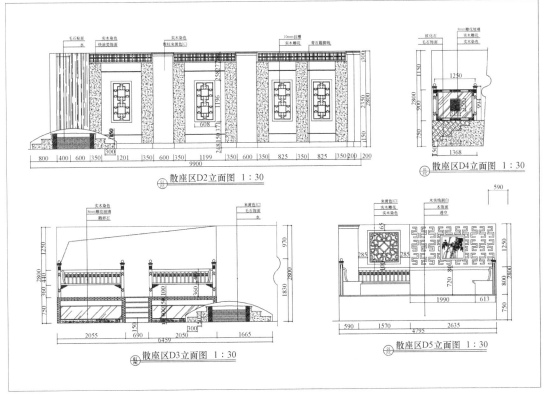

图 3-62　散座区立面图

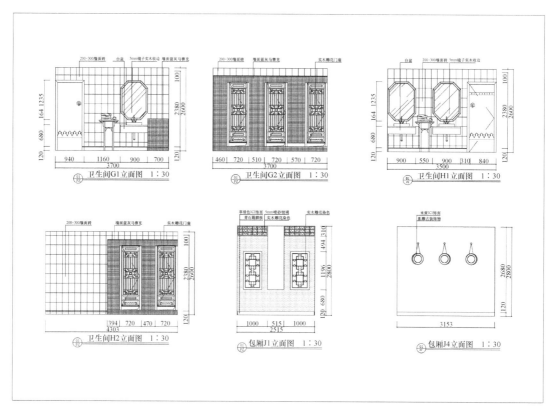

图 3-63　卫生间立面图

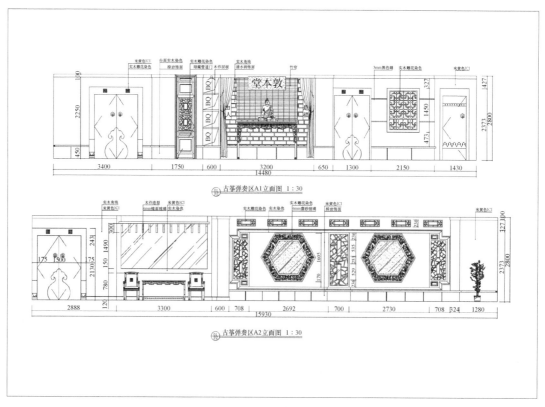

图 3-64　古筝弹奏区立面图

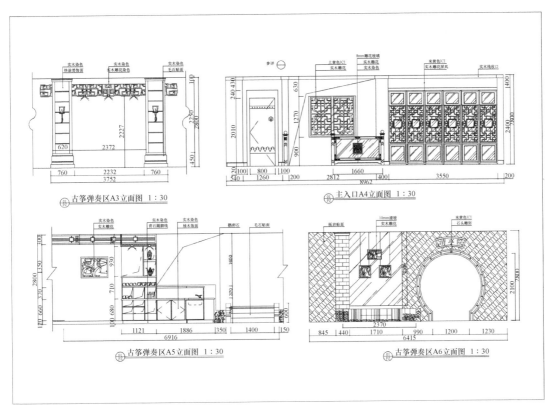

图 3-65　古筝弹奏区和主入口 A4 立面图

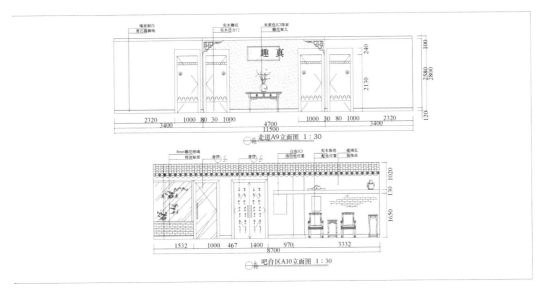

图 3-66　走道 A9 和吧台区 A10 立面图

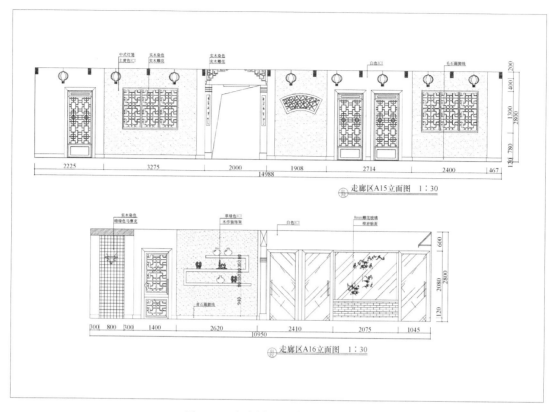

图 3-67　走廊区 A15 和 A16 立面图

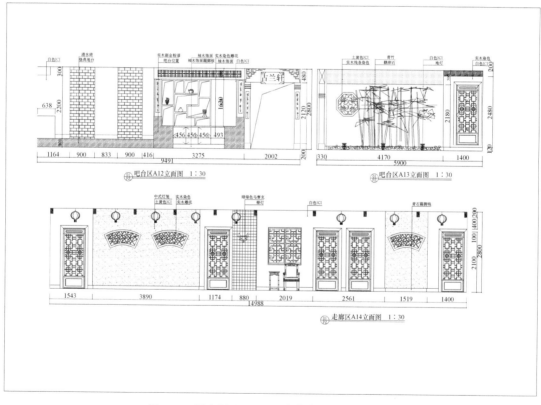

图 3-68　吧台区 A12、A13 和走廊区 A14 立面图

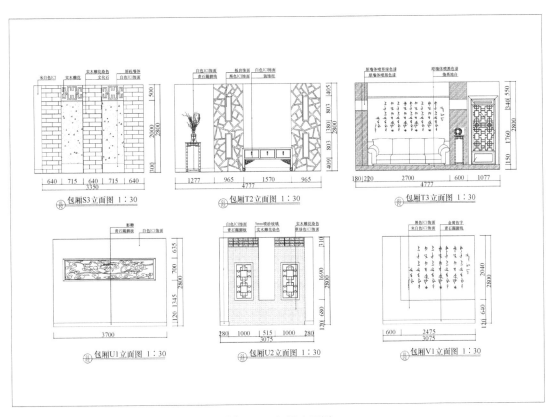

图 3-69　包厢立面图

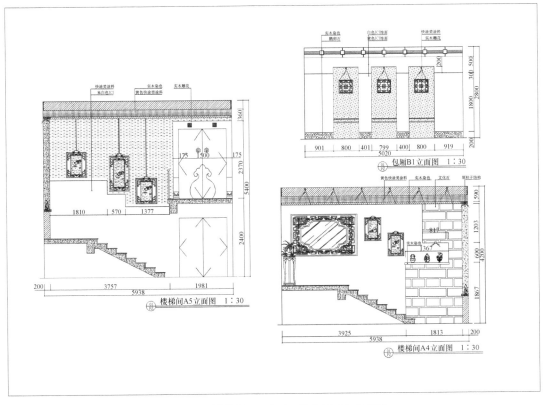

图 3-70　楼梯间 A4 和 A5 及包厢 B1 立面图

实训项目：中小型公共空间设计

1. 实训目的

通过中小型公共空间工程的设计训练,让学生掌握公共空间的设计与施工过程,提升全面处理公共室内空间功能、结构、设备、构造及艺术风格等问题的综合能力。

2. 实训要求

(1)了解各种公共空间的设计程序,掌握各种公共空间的设计原则和设计理念。

(2)对各种公共空间的功能划分、尺度要求和设计风格有一定的认识。

(3)培养学生对同类、不同类公共空间进行对比的能力和团队协作的精神。

(4)设计中注重发挥创新意识。

3. 实训指导

1)撰写考察报告。

考查报告包含的内容:考察时间、考察地点、考察方式、考察内容和考察体会。

根据考察报告分析现状和发展趋势。

要求学生对所收集的信息进行列表分析,并抓住主要信息得出较准确的现状分析结论。

进行同性质公共空间比较和不同性质公共空间比较。

2)公共空间设计定位和设计程序

(1)公共空间方案草图设计,确定设计方案。

本阶段要求学生将设计风格和理念定位贯穿于方案设计中,初步确定设计方案。

进行公共空间平面设计。进行空间的调整与再创造,表现空间类型划分和家具的布局。

进行公共空间的天棚设计。进行室内天棚装饰材料的合理运用,掌握室内天棚光环境设计的方法。

进行公共空间的立面设计。进行室内装饰材料的合理运用,掌握室内色彩设计的要求与方法,掌握室内家具与陈设的内容和设计方法并合理选用与配置。

要求将设计方案以方案图的形式表现出来:

①以功能分区图表现空间类型划分;

②以活动流线图表现空间组合方式;

③做好色彩配置方案;

④用文字方式表述方案设计思维。

(2)方案设计效果的表达,包括手绘效果图的绘制,透视方式及视角的选择与绘制,空间感、光影关系的表达,色彩的处理与表现,质感的表现,陈设品、植物的表现,氛围的表现。

(3)施工图纸的制作。

本阶段要求利用工程制图软件将设计施工图制作出来,在制作过程中注意调整尺度与形式,着重考虑方案的可实施性:

①绘制平面图；

②绘制顶面图；

③绘制立面图；

④绘制节点大样图；

⑤绘制计算机效果图；

⑥使用 AutoCAD 软件绘制设计图纸；

⑦使用 3ds Max 软件进行三维建模；

⑧使用 Lightscape 软件进行渲染；

⑨使用 Photoshop 软件进行后期处理和出图；

⑩以设计说明形式表述方案。

总结

各种中小型公共空间设计是室内设计的主要内容,通过设计演练使学生了解各种公共空间的设计内容、设计程序及设计流程的分析方法,培养学生的设计能力、方案表达能力和绘图能力。

参考文献
References

［1］ 来增祥,陆震纬. 室内设计原理(上册)[M]. 北京:中国建筑工业出版社,1996.

［2］ 〔美〕卢安·尼森,雷·福克纳,萨拉·福克纳,等. 美国室内设计通用教材(上册)[M]. 陈德民,陈青,王勇,等,译. 上海:上海人民美术出版社,2004.

［3］ 王茂林,叶菡. 室内设计方法[M]. 长沙:湖南大学出版社,2010.

［4］ 丰明高,张塔洪. 家居空间设计[M]. 长沙:湖南大学出版社,2009.

［5］ 莫钧,杨清平. 公共空间设计[M]. 长沙:湖南大学出版社,2009.

［6］ 高光,廉久伟. 居住空间设计[M]. 沈阳:辽宁美术出版社,2008.

［7］ 张伟,庄俊倩,宗轩. 室内设计基础教程[M]. 上海:上海人民美术出版社,2008.

［8］ 罗晓良. 室内设计实训[M]. 北京:化学工业出版社,2010.

［9］ 彭一刚. 建筑空间组合论[M]. 北京:中国建筑工业出版社,1983.

［10］ 庄荣,吴叶红. 家具与陈设[M]. 2 版. 北京:中国建筑工业出版社,1996.

［11］ 邓雪娴,周燕珉,夏晓国. 餐饮建筑设计[M]. 北京:中国建筑工业出版社,2002.